度小月系列

關於度小月⋯⋯⋯⋯⋯⋯

　　在台灣古早時期，中南部下港地區的漁民，每逢黑潮退去，漁獲量不佳收入艱困時，為維持生計，便暫時在自家的屋簷下，賣起擔仔麵及其他簡單的小吃，設法自立救濟渡過淡季。

　　此後，這種謀生的方式，便廣為流傳稱之為『度小月』。

飾品拼圖

路邊攤賺大money4

【飾品配件篇】

路邊攤賺大money4
【飾品配件篇】

路邊攤飾品配件批發商

附錄

推 | 薦 | 序

楊棋茵　棋茵出版社發行人
　　　　　DIY高手系列叢書作者及總編輯
　　　　　棋茵布藝工作坊、
　　　　　DIY材料包裝作品設計及才藝課程教學

　　接觸飾品設計等手藝，從創作、教學、著書到編輯、出版等，一路行來已十幾年。最早是以髮飾創作為主，學生也都能從基本課程中舉一反三、變化創意，很快就能成為地攤高手，或作品於百貨專櫃、服裝、精品店寄賣，不但精緻有特色又獨一無二，很受客人喜愛。

　　約二、三年前，日本風靡串珠之際，我順勢將多年來的一些串珠精華，加上新創意，適時編著二本《串珠飾品》書籍輯，帶動國內串珠流行市場，而風靡之程度，是出書前所始料未及。接著欣見很多作者加入這個行列，讓整個市場活躍不已，甚至讓進口的日本珠子及奧地利水晶缺貨連連，供不應求，相關周邊行業，如飾品店（攤）、材料行、進口商、製造商、服裝業、鞋業、皮包業、百貨業等，雖然景氣如此低迷，卻依然商機無限，可見流行之魅力真是無法抵擋！

　　所以朋友們！想從不景氣中找條出路，做些小飾品擺擺地攤是不錯的選擇，但建議你先學會飾品的基本製作，可先買幾

本工具書參考，到台北市的延平北路一帶選購批發材料，自己量產（同樣作品不要做太多）、自銷（利潤很可觀），而且可以直接與客人互動，接受量身修改及訂做。

　　飾品不僅是裝飾而已，它可以賦予服裝新的生命與價值。多注意國際性服裝、飾品等流行資訊，抓住時尚主流，隨時創新作品，讓產品多樣、精緻化；加上服務佳，口碑自然就好，錢財也就滾滾來！市場上，一、兩坪小店面或地攤賣飾品賺大錢的成功案例屢見不鮮，只要你堅持著一份執著，努力不懈，創造機會，把握機會，成功總是屬於你的！

楊棋茵老師

經　　歷：棋茵出版社發行人與總編輯、棋茵布藝工作坊負責人
　　　　　微風廣場HANDS手創館網布創意DIY材料包設計及網布花藝
　　　　　現場實演教學
　　　　　台北華國洲際飯店秘書活動班串珠、飾品等DIY教師
　　　　　中國文化推廣教育部「串珠藝術班」授課講師
示範教學：公共電視「台灣生活通」【生活高手】單元串珠DIY
　　　　　環球電視「DIY雜貨舖」【DIY鮮活館】單元串珠DIY
　　　　　東森綜合電視台「大生活家」節目網布花藝DIY示範教學
著　　作：精緻飾品DIY、布與環保DIY等10本

推│薦│序

白寶月　台灣手藝學園純銀黏土專業講師
　　　　中國青年服務社純銀黏土專業講師
　　　　銀彩純銀黏土專業講師
　　　　高玉玩藝坊負責人

　　從事手工藝設計創作多年，無論是陶藝、黏土、彩繪或銀飾製作，對我而言都是興趣，而非工作。在雙手的把玩、創造間，讓一件作品從無到有產生。這種創作的樂趣，是讓我對DIY樂此不疲的原因與動力。

　　近年來，我接觸到一種創新素材，稱為「純銀黏土」，這是由代理商引進來自日本「製造商－相田化學工業株式會社．

DAC貴金屬事業部」。此材質質地極軟，類似小時候玩黏土的感覺，因此引進後將之名為「純銀黏土」。「純銀黏土」的形成，乃是將純銀粉末加上接合劑及水構成，創作過程中，使其乾燥、水份蒸發後，再以高溫燒成，成為999之純銀飾品。

而國內純銀飾品的形成，大部分是以銀材加百分之二點五的銅合成的，一般皆由俗稱的「金工匠」來製模熔製的，並大量生產銷售，所以皆是以925的銀飾品呈現。

　　而純銀黏土則徹底顛覆以往傳統的製作方法，製作時所需用的工具也相當簡單。由於可塑性高，能自由、輕易、簡單的依照自己的喜好及創新，雕塑出屬於個人的風格，創造出獨一無二的飾品。此外，更帶給銀飾製造業極大的震撼。不論是休閒空暇的簡易DIY、設計自動佩戴的獨特風格飾品，到開創新事業的創業選擇，或擁有第二專長的師資學習，都能達到最佳的效果。

　　希望有心以飾品作為創業第一步的人，除了參考本書各家的成功經營之道外，也能認識這項新的銀飾製作技巧，說不定更可以藉此開發出新的產品，而成為獨樹一格的店家。

白寶月老師

經　　歷：　日本DAC貴金屬純銀黏土專業指導講師
　　　　　　日本MADOKA協會水晶花教授
　　　　　　Bod.Ross彩繪講師
　　　　　　英國軟陶協會講師
　　　　　　台灣手藝學園任課軟陶、純銀黏土、彩繪藝術指導講師
　　　　　　中國青年服務社站前店任課純銀藝術指導講師
　　　　　　高玉玩藝負責人
　　　　　　微風廣場DIY純銀藝術指導講師
　　　　　　銀彩任課藝術指導講師

網　　址：　home.kimo.com.tw/fengpp516

作 | 者 | 序

右手食指上的戒痕，足以說明我對戒指無可自拔的愛戀。上癮的期間不算長，一旦發覺自己不習慣兩手空空，原來對它早已養成依賴的習性，沒戴上它出門渾身發麻，只要在還算纖細的右手食指或左手無名指套上寬版的銀戒指，走出家門顯得更精神奕奕。是誰發明這玩意，叫它來束縛我自由的手指靈魂，還得花上大把鈔票滿足自我的虛榮，每天為手指穿上新衣。我，被一枚不起眼的圈圈征服了。

人們在求得溫飽過後，開始靜極思動，穿衣服不再只是為了蔽體，戴帽子也不只為了遮陽，套戒指也不是為了印證兩人的情愛，忘了曾幾何時，原本的必須品卻成為象徵時髦的流行配件，愈來愈多人懂得運用小小的飾物在身上大作文章創造話題；當然，也得有人生產供給。我想，是市場在操縱，生產無數食衣住行以外的奢侈品，誘人慾望，但這也是既定的供需法則，一個巴掌拍不響。既然逃不過市場創造出的流行，我們也可以從中理出專屬個人的品味，犯不著膜拜名牌、朝聖世界舞台，路邊品牌也能穿戴出新時尚裝扮。

樂透彩風迷全台，無非彰顯景氣持續低迷。儘管如此，還是有許多人仍繼續花心思打扮；同樣，為了「響應」景氣，也為了「造福」百姓，愈來愈多人加入小本創業之行列。除了飲食外，賣手上戴的、頸部掛的、身上披的，也能賣出一片天，仔細觀察老闆多為年紀輕輕的男男女女，工作不好找，但若是像他們動點頭腦，生意自然強滾而來。

或許，正有無數門外漢也想自己創造賺錢機會，卻不得其門而入，本書即站在輔導的角色，詳實地記載創業者的心路歷程及成功秘辛，以吸取他人成功的經驗做為借鏡典範，因為我們深信每個人只要努力頭頂必有一片天。

作｜者｜序

喜歡恣意的在街上閒晃，沒有
任何壓力的視覺遊走，任由新奇的
事物、商品再腦海中暫存，每一個
片段的反覆激昂，咀嚼著一切事物靈魂。這樣的情愫，因此所
有的事物對我都有種致命吸引力……

　　愛逛街、愛血拼，這回可以與大家一窺路邊攤的真正面
目，心裡是一波波的喜悅與歡愉。卻也滿足了大家對於開小
店、擺路邊攤的小小遐想。

　　說真的，還真會衝動地想要去擺個攤呢！不過還是要三思
而後行。在採訪的過程與店主的逐步訪談，深刻的了解到：打
拼任何一個事業都是辛苦經營的，在欣羨別人成功的同時，也
要反觀自己的努力程度，心酸艱辛的一面或許不是可以讓人輕
易察覺的。

　　創作能擁有自由發揮的空間，傳達自己主觀、客觀的意識
想法；成功的取決，在於時間投入的成本，也就是如何運用與
別人相同的時間，得到倍於常人的成果，並讓等待成本趨近
零，創作本身更需要陷溺未可先知的心力，但我只知道我喜歡
「創作」，熱愛「創作」。

　　這一本書可以說是一個創作的結晶，更可以視為專業的
KNOW-HOW，差別在於讀者用什麼角度去體會。在此更要特別
感謝DICK8創意總監KENGMUH的啓蒙，他說過一句話：「熱
愛創作，藉著協調的KORINE，呈現都市的創作生活，藉著
DREAMLIKE的一個收集而毀壞影像，協調KORINE、提供
XENIA的驚鴻一瞥，表現出原創者最初的生活形貌！這個意識
型態不能夠被忘記！」這句話點醒了我走創作這條路的堅持，
在此與各位熱愛這本書的讀者分享！

趙孟頫

路邊攤飾品配件店家

這些店家，從賣飾品、髮夾、眼鏡、玩偶等，與眾不同的商品，令人眼花撩亂，但相同的是，它們都有獨特的選貨眼光與傲人的銷售成績。想知道他們是如何做到的嗎？請看以下各家的分析報導。

- ▼ MEN MEN
- ▼ 小琴的店
- ▼ PIN BOX
- ▼ 旗艦精品眼鏡店
- ▼ 鄭文河工作室
- ▼ 羅門
- ▼ SILVER SKY
- ▼ HIGH人不淺
- ▼ 銀匠

MEN MEN

襪帽手套小飾品樣樣齊
哈日妹妹最愛
台灣別處買不到
喜歡與眾不同者歡迎來挖寶

MEN MEN

┌─── DATA ───┐

地址：台北市臨江街63號
電話：0932-334-412
營業時間：15：30～凌晨01：00
每日營業額：1.2 萬
創業金額：30 萬

所有商品全由日本進來，台灣絕無僅有。

當寒意逼近，少女們身上戴的配件也會相繼出籠，從頭到腳裹得緊緊。除了禦寒，還有一個最大用意──趕流行。每一個季節轉移，想嗅出當季最IN款式的流行配件，只要到滿是青少年女聚集的逛街聖地，不難追蹤日本當紅的流行腳步，在她們身上即見端倪。台灣少女穿著有個奇特現象，總是特別偏好日本新宿風，前陣子話題燒不斷的109辣妹裝扮，也在飾品配件攤位風行一陣子，架上堆滿恨天高麵包鞋，化妝專櫃也推出仿曬黑的修容餅，零零總總意謂著少女流行市場被日本牽著走，是好是壞沒個準，總之，這樣就是「飛迅」。

　　如果你常逛西門町，將發現位在通化夜市的 MEN MEN 少女配件專賣櫃販賣的也是時下最新的流行配戴飾品，商品全是從日本漂洋過海而來，也許單價比起國貨來得高些，但不喜歡和人撞衫撞帽的人建議妳來這裡挖寶。

心路歷程

小店新開張剛滿一個月，鮮紅的櫃位和裡頭的全紅色店面一氣呵成，自然引起夜市一陣騷動，更惹人側目的是老闆竟是一對年紀輕輕的小夫妻。老婆稚嫩的臉龐清新脫俗，完全看不出實際年齡二十六歲的女生會是身經百戰的擺攤女王，這樣說也許誇張了點，但聊起天滔滔不絕，可想而知她做起生意更是得心應手呢！

老闆娘說：「歡迎喜愛日本流行小物的朋友們來這裡挖新鮮貨，我們會不定期到日本採買新貨來滿足消費者的需要。來過一次的人一定知道我們的東西非常與眾不同，所以很怕台灣商仿冒。」
老闆娘‧勞穎文與友人

姑且忘記這位小女生的實際歲數，從她畢業之後一連串的不務正業，造就了這小攤的開業。讀書時念的是人人稱羨的廣告設計科班，本來對這門課業還算有興趣，卻在三年的苦苦磨鍊下將原有的興趣消磨殆盡，索性一畢業立即轉行當起服飾專賣店的店員，銷售生活必需品。在不算短的銷售訓練下，自認為口才愈磨愈光，愈來愈懂得和上門的客人打交道話家常，不久心裡便開始盤算業績給別人賺不如自己賺。

就這樣，一個女孩子家開始在熱鬧的東區商圈忠孝東路上擺起路邊攤，賣起熟悉且比較好賣的衣服來，成天過著被警察追著跑的日子。時間一久有點吃不消，只好再考慮「給人家請」安份一點，但這次卻是當起稍稍專業的專櫃內衣售貨小姐。後來，朋友打算開家服飾店，在她的吆喝下，加上自己特別喜歡打扮做造型，所以開始做起販賣年輕時髦的飾品配件的小本生意。

開店雖然才短短的一個多月，精力旺盛的小老闆還是有苦水要吐，才剛去日本帶貨回來，五天睡眠加起來不足八小時，回來又要忙著整理新貨，讓她平滑的臉蛋不由自主地冒出痘痘，這點，是她開店以來覺得很不習慣的。但話說回來，自己當老闆雖然辛苦，她始終認為總比上班看老闆臉色來得輕鬆自在，因此她現在可是甘之如飴呢！雙子座的小老闆娘，天生的樂觀性格，在景氣連壞的時機勇敢創業，並不會過於擔心生意是否會因大環境而受影響，這點，跟她的處女座老公就很不像。

經營狀況

命 名 ■■■■■

　　手裡拿著店內的名片，白色的底寫著主人的中性名字「勞穎文」，上頭還標示店名「MEN MEN」，以字面上的解釋應該翻譯為「男人 男人」，但令人百思不解的是，主人明明是可愛的小女人，為何取名為「男人」呢？況且這裡販賣全是女孩子用的、戴的東西呀！還在破解店名涵意之時，女主人說她是台灣出生長大的廣東仔，父母說廣東話，所以都叫她「文文」，廣東話發音就成了「MEN MEN」囉！不過英文翻譯正不正確她也不想去追究了。

數十款誇張獨特圍巾，出門配戴絕對與衆不同。

地 點 ■■■■■

　　小老闆娘和服飾店裡的主人是一對活寶姐妹花，彼此互為舊識。剛開始兩人在大台北都會區裡遍尋適合做生意的點，從少女們經常逛街朝聖的聖地——西門町開始尋幽探訪，可能是密度已達飽和，而且同質性的攤位太多，所以她們就放棄西門

鬧區。東區也是沒有放過的地區，經觀察後發現那兒太多重覆性的進口商品，況且店面租金令人咋舌，只好再另尋出路。偶然機會聽說東區夜市人潮最多的通化夜市有店面出租，且價位合理，經兩人謹慎評估後，決定賣起夜市很少見的進口飾品。

租 金

當初，會看中通化夜市，一來是因為這裡有自治委員會管理，頗有小型夜市規模；二來當然是因為租金合理、負擔得起。店面是朋友向房東租的，一個月約十多萬元房租，朋友再以四萬元出租門口的一道牆面，雖然說四萬

硬 體 設 備

既然和合租店面的服飾店老闆是好朋友、好姐妹，店內店外的風格當然得一氣呵成，服飾店老闆娘賣的衣物走日本109辣妹風，文文以她原有的廣告設計背景，包括幫服飾店發想創意，從店內色彩到置衣櫃形式等，都是源自於她的概念；至於自己攤位在門口部分的櫃子，則是文文畫好設計圖找木工師傅訂製的，從木櫃、招牌、燈飾、陳列架加總花了四萬多元，原本不算貴，但師傅們的不用心，使這簡單的櫃檯就接連改了三次才算真正完工，也因此延誤到她們開店的時機。

元是臨江街的一般行情，朋友並沒有給人情價，但如果有
需要，朋友會挪個店內小空間給文文用，同時她也不會跟
文文計較水電費，這應該也算是夠意思了吧！不過還好一
間小小的門口牆面生意，兩小夫妻共同經營，除了店租跟
貨款，沒有其他人事開銷，就省了許多。

進貨地點 ■■■■

　　既然賣的是哈日少女流行的配件，進貨當然得到發跡地日本覓貨，
剛好有朋友對日本熟悉，在朋友的帶領下勇闖東洋。幸好飛機一趟不到
四小時的時程，方便帶貨，否則可就辛苦了。因為我們熟悉的日本是個
高消費國家，那兒的商品自然不會太過便宜，而且說實在的，他們的東

西也不見得好賣。
除了日本之外，文
文也會到鄰近的香
港，那兒的貨源充
沛，批價也比日本
來的低廉，通常香
港也是哈日族集散
地，到這裡挑貨方
便又物美價廉。

梳妝打扮也能如此夢幻。

穿著毛線
衣的小熊
正無辜地
望著妳
喔！

選貨標準 ■■■■

　　算一算「MEN MEN」的貨色種類繁如天星，只要是可
以往身上穿的、戴的、別的、圍的都一應俱全。特別是因
為販售的是必須和身體肌膚有所接觸的商品，主人挑貨時
就會特別計較它的材料質地，是否能和肌膚達到和諧舒
適，唯一的辦法就是親身試戴一番，每頂帽子、每條圍
巾、每雙手套、襪子襪套等等，都經過文文的嚴格把關、
精挑細選。再者，除了重視質料之外，款式絕對必須是台
灣沒有生產且獨一無二的，因為唯有如此才能與眾不同，
在同業脫穎而出。

批貨技巧 ■■■■

　　到了日本，儘管語言不通，一提到錢什麼都聽得懂，
如果不懂就比手劃腳或是直接按計算機。文文會先自己換
算成台幣合不合算，如果覺得價碼不妥就跟老闆開價，對

方如果接受就成交再進行挑貨；假使對方不同意她們開出
的價碼，兩方就繼續協商。通常批貨會耗上一整天的原
因，全是為了價碼談不攏的問題。原則上，只要是感覺
差不多、同材質花色不同的產品通常會喊同樣的價
錢，除非是手工質感跟機器做成的貨才願意多付點
錢。小小年紀的文文，做起生意來可一點也不含糊！

成本控制 ■■■■

　　由於「MEN MEN」還只是一個小小的店面，所以不打
算請人手，小夫妻同心齊力地經營，基本的開銷僅止於房
租和進貨成本，其餘的水電費用因與二房東的交情匪淺之
故也省了下來。至於這些為數不少的小東西是如何訂價的
呢？通常是將成本價加上遠渡重洋帶貨的所有開銷，包括
運費、住宿等都包含了進去，再去依比例訂售價，平均來
講是成本的三倍價，文文特別強調，聽起來利潤似乎很驚
人，但事實卻不盡然，三倍的價碼只能說是「一般行情
價」。

亮麗桃紅配
上天使翅膀
不引人注意
也難。

貨品特色 ■■■

「保證是其他地方買不到的超值貨色」，文文很有自信地說。何以如此有把握？因為「MEN MEN」的商品種類齊全，每一種商品就有多種款式可供選擇，絕對有一定的獨特性，不會穿戴出去發生和別人撞衫撞帽的窘境，除非是精品店裡才有微乎其微的機會會找到相同的東西，不過相對的也必須付出更多的代價，因為聰明的業者可是會將店面的開銷轉嫁給消費者的呀！這麼多的貨，文文首要推薦當紅炸子雞──辮子圍巾、蕾絲襪套，受歡迎的程度連媽媽級的女生都買了回去。

流行推薦

姓名：Lisa
性別：女
年齡：18
職業別：學生

─ 購 - 買 - 原 - 因 ─

冬天特別喜歡用圍巾來做整體造型，這裡的每一條樣式都造型獨特，即使穿上平凡的牛仔褲及毛衣，但只要搭配誇張色彩鮮明的圍巾就有畫龍點睛的效果，朋友常問我是不是從日本買回來的，其實「MEN MEN」就有在賣啦！

MEN MEN

滿滿的布熊，就像兒時床邊的記憶。

售貨要訣 ■ ■ ■ ■

　　來這裡的客人分成兩種，一類是本來就屬於哈日少女，穿著打扮風格跟「MEN MEN」相仿，通常這類的客人不須多做介紹，她們會自行東張西望，看準貨色二話不說就掏腰包買下；另一種客人則否，她們受到新奇商品的吸引，剛開始還不大能接受過於花俏的式樣，這時候文文會先試探客人的接受度，用當季的時裝雜誌輔助證明流行不是隨便說說，是「有圖為證」的，接下來如果客人敞開心房，文文即扮演起造型顧問建議客人從小地方改變，待事後客人等到聽到朋友的讚許，自然會再回頭找文文的店。

客層調查 ■■■■

　　時代在變、觀念自然跟著轉變。儘管「MEN MEN」販售的盡是小女生的時髦玩意，但開張一個多月，老少通吃。好幾次，上了年紀的媽媽也會帶著女兒來這裡添購行頭，證明了商品的魅力，老少咸宜。因此客觀看來客層分佈很廣，但多為女性朋友，不過偶爾也有例外，會有小男生帶著心愛

小巧戒指在狗兒聖誕樹烘托下更顯出色。

的女友前來，送她貼心圍巾，象徵「圍繫」愛情。

未來計劃 ■■■■

　　有夢才有未來。凡事往好處想、天性樂觀的小老闆娘心裡其實築了一道夢牆，她想慢慢向前逐步實現，開一家襪帽專賣店是她心中理想的事業藍圖，等基礎穩固後再接續開設分店拓展版圖。另外如果老天爺眷顧，她會把握機會運用自身的繪畫設計天份自創品牌，這些聽來遙遙無期的夢想正在文文心中打造著。

成功創業一覽表

創業年資：1個多月

創業資金：30萬

坪數：大約1.5坪的牆面

租金：一個月4萬

人手數目：2人

平均每日來客數：約10人成交

平均每月進貨成本：10萬左右

平均每月營業額：35萬

平均每月淨利：20萬

MEN MEN

如何踏出成功的第一步

　　國父曾說過：「創業惟艱，守成不易」，千萬別以為小小年紀的文文創業是鬧著玩的！從高中畢業以來，自行在外頭闖蕩也將近十個年頭，擺過路邊攤、賣過衣服、做過內衣銷售等多不可數的做生意經驗，才有能耐和老公開個小牆面攤位，但即使如此，文文還是要奉勸想創業的青少年朋友，千萬不要一頭熱看到別人當老闆好做就貿然投入，最好先評估自己的能耐及是否真的有興趣，如果只是三分鐘熱度，還是別拿金錢開玩笑，特別是用父母辛苦賺來的錢。尤其是本身並沒有銷售的工作經驗的人，除非在想清楚決定創業後，要先做足功課，譬如說假使想賣衣服飾品，最好先至服飾店打工學習一陣子後，觀察這一行業和你原先所設想的是否吻合、是否符合心目中的理想，如果答案是肯定的，先多看多學習，最捷徑是從成本較低的擺路邊攤開始，即使虧本買到教訓也比較不心疼。

熱情外放的紅色櫃，裝上琳瑯滿目的可愛飾物。

小琴的店

最「尼哄」味道的商品
「卡娃伊」的飾品配件
日本味的擺設氣氛
流行資訊與最新情報

小琴的店

┌─────── DATA ───────┐

電話：無

地址：臺北市羅斯福路四段84號

營業時間：平日16：00～22：30，
假日14：00～22：30

公休日：無

每日營業額：1.6萬

創業金額：20萬

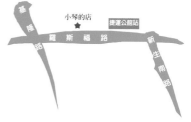

　　日本的卡通玩偶總是讓人愛不釋手，就像是陪伴著我們童年一起長大的小叮噹、受大人小孩喜愛的HELLO KITTY，一直到最近風靡校園的粉紅MOMO熊，全身藍色、超級可愛的藍海人，以及帶點無辜眼神的烤焦麵包，還有臉圓圓、雙頰紅紅的麵包超人與帶著鮮紅帽子的美樂蒂等，皆以可愛的造型輕易的擄獲大家的心，每個都讓人眼睛為之一亮，直呼「卡娃伊」呢！

　　而這些卡通人物的周邊相關產品也真是不少，從手機吊飾、小錢包、鑰匙圈到布玩偶等。這些日本製的商品也開拓

了一個新的市場，除了眾所皆知的三麗鷗專櫃與小禮堂之外，
街坊巷弄間，也出現了一些專門去日本批購這些卡通相關產
品的小店，同樣獲得不錯的業績。因為日本商品在國內
販售，具有其獨特的稀少性，所謂「物以稀為貴」，
就算貴一點又何妨呢？

小琴的店

現代風格的裝
潢，方便得
宜。

心路歷程

　　小琴經營這樣型態的小店轉眼間已經十年的光陰了。在還未自行開店之前，是做家教的工作，每天過著帶小朋友的生活，雖然過得十分愉快，可是總是缺少了那麼一點點衝勁，覺得生活乏善可陳。後來就想自己開一間小店經營，這也是女生最容易有的想法了。

　　在小時候，小琴也一直幻想有天能擁有一間自己的店，可以佈置得漂漂亮亮，賣一些自己喜歡的東西，同時擁有一項真正屬於自己的事業，也承受一切的成敗得失。因此在累積一定的儲蓄之後，就轉而投入這樣的行業。

　　一開始在西門町找了點，就開始經營自己的小店。西門町的人潮很多，不過年紀都比較年輕，所以對這樣的日本流行商品接受度相當的高。當時在西門町開店有四年多的時間，由於景氣不錯，所以狀況很快就穩定下來，也小

「歡迎喜愛日本流行小物的朋友們來這裡挖新鮮貨，我們會不定期到日本採買新貨來滿足消費者的需要。來過一次的人一定知道我們的東西非常與眾不同，所以很怕台灣商仿冒。」
老闆娘・卓馮琴

賺了一些。後來由於股市的震盪，景氣反轉直下，整體經濟病入膏肓；加上西門町的房租也不便宜，因而她轉到別的地區繼續找銷售點經營。

　　雖然小琴經營小店有十足的成就感，然而背後的辛酸與勞苦是一般人所不易發覺的；況且現在在公館這裡擺攤，光是要收要擺就夠累人了，警察又不定時地抽查，更是要考驗大家的收攤速度，真是辛苦啊！

經營狀況

命　名 ▮▮▮▮▮

　　由於是小攤販經營，因此取名並沒有過於考究，反正
路邊攤的生意就是如此，只要天天擺在同一個位置，天天
出來營業的時間都相同，就不需擔心顧客會找不到；而且
其實顧客習慣在這一家購買後，往後也就會固定來此消
費，因此命名上並未有過多的考慮，就取名為「小琴的
店」。因為是名字的最後一個字，而小琴也是小名，因此好
記也方便。

公館的人潮
真是多如繁
星。

地　點 ▮▮▮▮▮

　　在公館開店也有四年多的時間，當初是透過朋友的介
紹才選擇這個地點，而這裡的客層跟小琴所賣的東西也頗
為吻合。在選定這裡之前，小琴也常常到公館逛街，發現
這裡的人潮眾多，購買力雖沒有東區高，不過也有一定的
水準。

租 金 ■ ■ ■ ■

　　「小琹的店」展店一個月租金二萬元，雖然與東區、西門町相較果真便宜很多，可是小小一個攤位可陳列的商品相對減少許多。商品有一半是老闆娘每個月進出日本進行挖寶所得，另外一半則是在台灣批的商品。雖然店面不算大，但精心佈置的小小裝潢，可以看出老闆對於夢想的用心。店內商品以女生的飾品居多，並以哈日、龐克兩大流行主流為訴求，許多特別的精緻小飾品髮飾、戒指、手環、太陽眼鏡、手機套包包都是絕無僅有；相信經營商店的基本要素——主控客源吸引力，「小琹的店」是做到了。

硬 體 設 備 ■ ■ ■ ■

　　「小琹的店」風格簡單大方，特別讓逛夜市的活潑女孩們喜愛。這裡的裝潢以整潔乾淨為主，商品陳列的方式十分簡易，可是在這簡約中似乎又有些精心設計的感覺。一些是老闆去日本時所帶回來的小掛飾，也許並不起眼，可是在懸掛後，就特別顯得有味道。老闆娘表示，雖然這些陳列架子與掛勾，不見得是很貴重的東西，可是能做出自己的風格最為重要，一個有特色的小舖，一定會讓人更加印象深刻，也會更突顯「小琹的店」所要傳達給消費者的理念。

以最簡單的髮束就可以創造出自我風格可說是實用配件。

進貨地點 ■ ■ ■ ■

　　「小琴的店」並不同於一般以青少女顧客主要消費
群，產品分佈的年齡層較廣。在商品上，往往以便宜
和中等價位的銷量最好的。小琴指出，她每個月皆出國
批貨，貨品以台灣、日本為大宗，進貨重點在於避免撞
衫，大部分單品也只有一個，因此別的地方買不到哦！這
　　　些最「尼哄」的商品可是非常受到街頭妹妹的喜愛，
　　　況且在公館這一帶並沒有這樣的相關店舖，因此獲
　　　得顧客不錯的迴響。這些「卡娃伊」的商品，包含
有：小髮夾、項鍊、小零錢包、手機掛飾等等。

選貨標準 ■■■

　　由於台北每個商圈都具有獨特的地緣性，像是忠孝東路走高級路線、西門町走原宿東京評價風，地區差異性大。小琹強調，公館一般路邊攤都以質粗價低的方式經營，因為受限於物流地域的限制，所以不可能引進高價單品來「供著」。現實生活的商業行為限制天馬行空的夢想，但她堅持做到的就是「質優價平」，公館這個地點已具有人潮，而商店內在產品的提昇，便是小琹的店獲利的主因。老闆娘的經營理念是不希望客人都以牌子或是價位

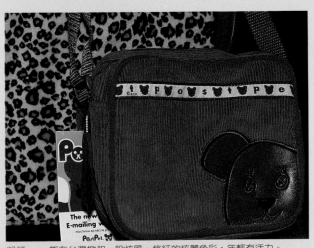

粉紅mono熊在台灣掀起一股炫風，桃紅的炫麗色彩，年輕有活力。

作為消費前提，而應以適合自己個人style為原則，這也是「小琹的店」每一月、每一季、每一年商品風格都有不同的主因！

批貨技巧 ■■■■

　　經營小商店，一般最常遇到難以解決的尷尬情況，就是消費者殺價、退換貨次數頻繁等。老闆娘表示，「小琴的店」以服務第一為訴求。一般來說，消費者對產品的特性相當熟悉，也對商品的滿意度高，因此退換貨機率就會相對遞減。若要詳述批貨的週期，老闆娘指出大約是一個月到日本一趟，每次批貨貨價約十五萬元；若在國內批貨的話，次數就比較頻繁，平均一星期得去二趟，一次批貨成本約一萬元。

這些彩色的垂吊式耳環受到學生族群的熱愛。

成本控制 ■■■■

　　「小琴的店」目前一個月人事成本雖然不高，不過加上一些罰單、租金、進貨成本等固定開銷，也佔每月總營業額的百分之二十五。因此，若是再扣掉庫存存貨之後，投資報酬率約達百分之四十的高門檻。「小琴的店」當初僅花五萬元裝潢費，因為有很多擺設都是DIY，老闆娘還甚至特地營造日本味的擺設氣氛，以符合公館的消費族群，像是店內很多的粉紅MoMo熊就是一個充分展露日本風的例子，有時候還要靠它來吸引男朋友帶女朋友來光顧。而商品售價的最低標準則是以日幣乘上固定比率來計算。

小琴的店

貨品特色 ▌▌▌▌

　　店內最便宜商品有一百元的進口日本項鍊，也有高價幾百元的精緻飾品，還有幾十元的可愛小髮飾。老闆娘指出，商品價格落差較大的原因，是為同時吸引不同年齡層

與不同消費能力的顧客。店內最受歡迎的應該是一些日本的獨賣商品，像是許多可愛的卡通相關產品，不論是大人或是小孩都非常喜歡。想要打造最「尼哄」的風格，來這準沒錯！還有一些在台灣批的產品，價格便宜卻也十分日本味，所以「小琴的店」雖然小小一間，卻也是包含所有的整體造型配件。

可愛又實用的貓咪髮夾，為你創造出最尼哄的裝扮。

售貨要訣 ▌▌▌▌

　　商店經營必須聚集人氣，運用人際關係讓業績蓬勃，同時結合消費者的興趣與喜好，並針對消費者的各項需

具有獨特造型、數量較少的款式通常是最受歡迎的。

求：此外，更要注意流行服飾的生態。

小琴表示：「開店的風險性高，成功獲利只有一項要訣，就是與消費者維持良好的關係。」因為「小琴的店」商品多為限量品，賣出去就沒有了，假設一位消費者把商品買回去，相對就減少另一位消費者喜歡這項商品的購買機會，因此有的新客戶可能來一次，買不到他看上眼的商品，下一次他再光顧的機會就大大減低了。而當已經買回商品的消費者再前來退貨，則會造成商店成本增加。因此小琴指出，抓準客人的口味，並盡力做好銷售服務態度，是她有效減少退貨頻率的方式。

彩色耳環與服飾搭配更能相得益彰。

姓名：SABRINA
性別：女
年齡：18
職業別：學生

購·買·原·因

我喜歡小東西，所以常買一些耳環戒指之類的物品來做服飾搭配。這裡的飾品款式很多，老闆也很親切，而且有一些日本的獨家商品更是讓我愛不釋手。

小琴的店

相信喜歡日本商品的少女們，也會非常喜歡小琴的店！

客層調查 ■■■■

　　「小琴的店」顧客年齡層大約都集中在十五至四十歲的女性。小琴解釋，在年輕人聚集的地方，就隨時隨地有台灣流行資訊的最新情報。要趕上潮流、不能落伍，開這種流行店舖真可謂是一個趕時髦又兼具休閒的好方法。經營流行的飾品販售，但卻又不知時下流行什麼、該如何搭配，這是說不過去的！

未來計劃 ■■■■

　　「小琴的店」目前算是熬過了所謂創業艱苦期，老闆娘表示，「小琴的店」與消費

者的互動關係，除了維繫在商品的獨特性外，售後服務與銷售技巧更是重要。她說現在景氣不好，購買力一直十分低迷，所以目前並沒有任何的展店計劃，一切都等到景氣回升時再說。

成功創業一覽表

創業年資：10年餘

創業資金：約20 萬

坪數：約一坪大的牆面

租金：一個月2萬多

人手數目：2人

平均每日來客數：約50人成交

每日營業額：1,6 萬

平均每月進貨成本：10萬左右

平均每月營業額：45 萬

平均每月淨利：16 萬

小琴的店

最受歡迎的大頭狗，無辜的眼神惹人疼愛。

如何踏出成功的第一步

老闆說現在經濟十分的不景氣，所以若真的是沒有經驗者想要著手經營這項事業的話，最好是等到經濟復甦時，會較容易獲利。然而其實路邊攤的收入是非常不穩定的，所以最好是沒有過多經濟負擔的人比較適宜投入這個領域；若是有非常大的經濟壓力，對於這樣時多時少的不穩定收入，恐怕會產生不足以應付生活開銷的窘境。在挑選店面的地段上，建議選擇人潮較多的地方，因為沒有人氣的地段，就算東西再好也沒有人光顧，所以人潮多寡自然也是一家店成不成功的重要因素。

在批貨上，越是和別家商店與眾不同的東西，就越會有人購買，所以一定要非常熟悉市場的流行產品。重要的是，目前台灣的流行風潮還是跟隨日本而行，因此掌握日本的流行也相對來得重要。另外，若是可以和同一個區域店家的銷售產品有著明確的區隔，將會贏得最大的優勢。

這家小店可用
麻雀雖小五臟
俱全來形容。

PIN BOX

精緻髮飾引領流行
水鑽飾品貴婦氣質
產品耐用價格合理
與百貨公司同等級

PIN BOX

┌─── DATA ───
地址：台北市忠孝東路四段89號旁
電話：0933-069-683
營業時間：平日：11：00~21：30，
假日前夕~22：00
每日營業額：1.5 萬元
創業金額：55 萬

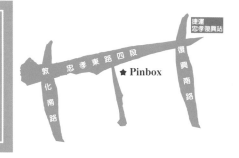

由於社會的進步，生活品質的大幅提昇，對於任何事情的要求也越來越高。現在的人漸漸開始注重整體的搭配，除了服飾的整體性之外，也要加上一些小小的飾品才夠亮麗，如此方能襯托出屬於自我的風格特色。

獨特清晰的招牌設計，感到十分特別。

在國外，由於常舉辦宴會PARTY的關係，所以他們對於飾品這一類商品的整體搭配，在平時就很注重。這樣的風氣也逐漸在國內發揚光大，不論是頭上的髮飾、小蠻腰上的水鑽腰鍊、頸上的Y字鏈，都從國外進口。這樣的效應，不但在藝人的身上可看見，在一些時尚PARTY上也不難發現飾品的威力。水晶鑽飾更是所有飾品界中，最為突出的一個角色，閃閃發亮的水晶鑽，擄獲了每一位女性的芳心。走在大街小巷，一攤攤的進口水晶鑽飾店，如雨後春筍般四處林立，現在就帶領你進入水晶鑽飾與髮飾的神秘世界。

老闆是一對幸福的小夫妻，感情深厚的模樣讓人不禁羨慕起來。老闆金先生給人一種十分憨厚老實的感覺，進一步了解之後，才發現原來金先生是韓國人，與老闆娘陳小姐是在韓國認識的，兩人交往一陣後決定結婚。一開始都各自是個上班族，因為朝九晚五的日子，每天日復一日沒有變化，慢慢的開始覺得工作倦怠，加上金先生是韓國人，在國內工作也較不容易，因此決定開一家店自行經營。

　　陳小姐很喜歡飾品類的小東西，加上她在韓國時發現，國外的飾品實在比國內多元化，因此決定造福台灣消費者，將國外的商品引進國內，讓國內的消費者也可以擁有更多的選擇。

　　一開業時十分的辛苦，因為沒有經驗，一切都要從頭開始，任何事都要一一嘗試。經過碰觸與學習後，慢慢的了解顧客的心態與需求，這樣的過度期也經歷了約半年的時間。加上老闆是韓國人，國語並沒有非常溜，要與顧客說話溝通其實是一項突破，但基於為了兩人的生活，還是堅持地做了下來。

　　面對現在的不景氣，讓快要凍結的購買慾持續低迷，使得各家老闆傷透了腦筋。但老闆娘陳小姐認為，無論經濟景氣或是不景氣，都是一樣的。為何如此一說？陳小姐說：「最重要是要捉住顧客的心，了解顧客要的是什麼，進而滿足顧客的需求。」以這樣的理念持續下去，相信景氣與不景氣都不會造成業績的大幅波動。

「我們這裡的髮飾百分之九十都是國外進口，且以法國居多。所以品質優良，相對的也很耐用，價格卻十分經濟實惠。每個月出國一次，以滿足消費者求新求變的心態。」
老闆‧金先生

✿✿✿ 經營狀況

命 名 ■■■■■

　　「PIN BOX」，一個讓人匪夷所思的名字，是由心思細密的老闆娘所取的。為何取這樣的名字？她解釋道，PIN是髮夾、髮飾等小東西的意思，而BOX則是指盒子的意義，意涵著有很多東西的意思。相信每一個女生都有一個小小的收藏盒，放一些飾品配件等的小物。老闆娘說，她期望自己的店就像是一個髮夾髮飾的收藏盒，收藏著許多美麗實用的髮夾配件，有一應俱全的感覺，希望自己店內的東西比別人多，也希望每個到這裡的顧客都可以找到想要的東西：只要出門或是參加正式宴會，都可以打開這個精緻小巧的盒子，尋找適合今日穿著打扮的配件。這是開這家店的期望，也是老闆娘想要給客人所傳達的意念。

地 點 ■■■■■

　　老闆娘陳小姐表示，地點是開店經營成敗最重要的因素之一，她認為人潮眾多的地方，相對會購買的人潮就會比較多，而且越是流行的地點，消費者對於新產品的接受度也會比較高，比較快。因此批貨時，就會比較容易掌握消費者的需求，對於批貨選貨就會比較容易。

租 金 ▪▪▪▪▪

　　之前，老闆娘曾提到選擇地點是非常重要的一環，她選在東區頂好名店城樓下，在台北市東區的店租是有名的高價位，然而老闆娘毅然決然的租下這裡，詢問之下得知，這裡一個月的房租一個月要八萬元！不過老闆娘說，要在東區開店，房租一定都很貴，為了要有人潮的聚集，房租貴是無可避免的。若是擺路邊攤，不但要躲警察，生意也顯得非常不穩定，加上商品的呈現上也會受到約束，綜觀以上的優劣，還是決定租一個店面來經營自己的事業。

鮮豔欲滴的
水鑽髮飾可
愛又實用。

PIN BOX

硬體設備 ▮▮▮▮

　　在店內器材等硬體設備的呈現上，老闆娘可是十分講究的。不但自行請人裝潢，舉凡鏡子櫃子等相關的器材也都是從韓國訂製，再運回國內的，因此格外的精緻漂亮，這樣一個櫃子的價格約是台灣櫃子的二至三倍。為何要用這麼貴的櫃子呢？老闆娘說除了國外的櫃子做工細緻外，對於產品的呈現也是有幫助的，所謂紅花配綠葉，店內好的商品也要有好的櫃子去做陪襯，兩者相互輝映，更能顯現出如此的價值。跳脫視覺所呈現的感受，這樣的櫃子相對於商品的收放，也便利許多，因為這樣的方式不但較為乾淨，顧客要看時也是方便拿取，所以雖然貴，卻貴的有它的價值。

由外延伸至內的整體風格相當一致。

融入了不同色彩，豐富了對髮夾的觀感！

進貨地點

　　這裡的商品百分之百全是進口貨，有別於台灣街頭一般市面上常看到的商品。總括而論，店內有百分之八十的商品以上，是由法國進口，其餘百分之二十的部分，則是韓國進口。因為歐洲等地的流行資訊是走在時尚的最前端，因此當地的飾品也格外出色，加上做工細膩，十分耐用，不過不可諱言的，進貨成本也會比較高。而韓國則是比較趨近亞洲的喜好，人文風格也比較類似。因為有些歐洲系的飾品，飾品設計過於誇張，就比較不適合台灣的風俗民情，而韓國就不會產生這樣的衝突。

選貨標準

　　由於國外的批發聚集地，約比台灣大出十倍左右，因此建議可以在當地停留約一星期的時間，慢慢的找尋有差

異性的產品，當然品質也是很重要的，如何找出品質優異價格合理的商品，也需要一些些技巧的，老闆則是以品質作為第一優先考慮。老闆說在批貨時不要過於主觀，要多元化的選擇，這樣才會獲得每一個消費者的青睞。

批貨技巧■■■■

　　由於全店商品都是進口貨，如何去國外批貨呢？老闆說國外的批貨區，大致上與國內台北後火車站重慶北路一帶的風格類似。只是國外批貨最重要的就是語言問題，剛好老闆娘的妹妹住在法國，所以到法國就不成問題了：而老闆本身又是韓國人，所以去韓國也是通行無阻。不過自己要出國帶貨，除非數量很少，才有可能是以跑單幫的方式帶回國內，像「PIN BOX」數量這麼多，出國次數又如此頻繁，所以一定是以貿易進口的方

整體設計感流行味十足可愛又感性。

式，取得國外貨品。關於
這方面，老闆之前是在貿
易公司上班，擁有一些基
本知識，所以貿易進口對
他們來說並不陌生，也更
為容易上手。

成本控制 ▓▓▓▓

關於成本的控制這
點，通常一個月會出國批
貨一次，每次約停留一星
期，加上機票住宿與批貨
的成本估算約十五至二十
萬，除此之外，固定的人
事費用與租金成本加一
加，就是每一個月的總成
本了。至於定價如何訂
定，老闆提到很重要的一
點，就是要看商品的質感
來定售價。而不要看產品
自身的成本，這是一種逆
向操作的方式，如此一
來，售價卻也更加能夠反
映到商品所賦予的價值
感。

貨品特色

這裡的商品以髮夾為
主，還包含手鍊項鍊耳環
胸針等飾品類商品。多為
法國進口的飾品，老闆自
豪的說，有很多商品甚至
與百貨公司的專櫃一模一
樣，但是這裡的價格比專
櫃便宜三到五成，所以這
裡的商品可說是非常有吸
引力。

PIN BOX

超級流行的珍珠飾品讓人全身瞬間顯現一股性感成熟的感覺。

售貨要訣

　　因為東區的人潮眾多，所以有許多流動閒逛的客人，對於這樣的客人，老闆就會問：「需不需要幫忙？」等到客人有進一步需求，或是似乎在找什麼商品時，就會再詢問道：「是什麼時候、什麼場合要用的？」藉此問出顧客的需求。老闆提到，購買商品的最重要因素，是在何時使用，否則買了沒有合適的時間或是地點使用也會很可惜，因而會以場合來決定推薦的商品。找出適合的商品後，顧客也許不會使用，這時老闆就發揮他的專業素養，教導客人如何使用。親切與專業的完美呈現，顧客很難挑不到自己喜歡的商品。而售後服務也是老闆用心把持的一關，無限期的保固維修是對顧客最終的保障，也讓顧客覺得來這裡消費可以放一百萬個心。

客層調查 ▨▨▨▨

　　雖然這裡的單價普遍稍微偏高，單價約在二百元至三千五百之間，可是若以東區的物價與消費能力來說，倒也不會過高。就消費的客層來說，約莫以一般的上班族居多，當然也有一些學生客群，不過比較不是主要客群。以年齡層來說，約是二十至七十歲，老闆說其實很多祖母級的女性也很喜歡這裡的東西，因為有素面的髮飾，也有金光閃閃的水晶鑽飾，這可是獲得不少婆婆的愛戴呢！有趣的是，雖然是夫妻倆共同經營，卻還會互相比較業績，而且各自還有固定的熟客，有些固定只找憨厚的老闆購買，有些則是喜歡親切的老闆娘，應是各有各的銷售特質吧！

PIN BOX

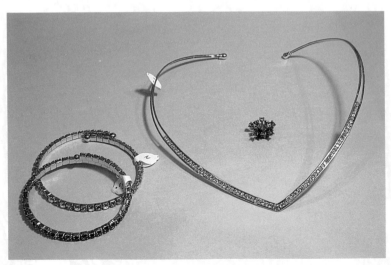

活潑中帶點
穩重素雅的
感覺，在搭
配上也很方
便。

流行推薦

姓名：Joyce
性別：女
年齡：21
職業別：服務業

購 買 原 因

因為這裡的髮夾很好用，而且買一個就可以用很久，老闆也會用心的教導我們要如何使用這樣的髮夾，所以除了買東西之外，還買到了流行資訊與使用方式，所以我也常和朋友一起來買，真的不錯喔！

未來計劃 ■■■■

有夢最美！對於未來，夫妻倆也想要擴大經營。因為對於飾品的興趣與熱誠，所以決定會繼續往這一條路發展。但是要如何擴大？老闆金先生說：「也許是再新增銷售點，也許是讓人加盟。」

各式髮夾色彩豐富，無論在造型、機能都無法挑剔哦！

不過因為他們本身的商品就是由國外進口，因此在進口國外貨源這方面，擁有別人所沒有的先天優勢，所以也有可能會朝向批發一途發展前進，做一個讓其他業者可以批貨的批發商。不過就現階段而言，仍是一心想將這間店好好穩定的經營下去，以服務更多消費者。

成功創業一覽表

創業年資：1年2個月

創業資金：50至60 萬

坪數：大約3坪大的牆面

租金：一個月8 萬

人手數目：3人

平均每日來客數：約30至50人

每日營業額：1.5萬

平均每月進貨成本：15 至20 萬

平均每月營業額：40至50 萬

平均每月淨利：20 萬

亮麗的珠鍊，可以輕易讓自己的裝扮突顯出不同的味道。

如何踏出成功的第一步

　　因為現在失業率普遍升高，在經濟不景氣的影響之下，許多人被裁員，甚至找不到工作，因此萌生自行開店當老闆的念頭。若是對這樣的行業有興趣，老闆建議不妨大膽的嘗試看看，不過一開始不要期望太高，如：設定一開始要賺多少錢等等的，通常一開始是不可能會有獲利的，所以如果的預期太高可能會非常失望。剛開始開店約有半年的過度期，在這半年的過度期，幾乎不可能有獲利，若是收支有打平的跡象，就表示是個好現象了。

　　而進貨方面，則要多購進一些新商品，種類要多，數量不用多，藉此試探消費者的偏好與需求，數量少的好處是若是不受歡迎也不會積壓過多的存貨。而存貨如果太久乏人問津時，就可以考慮特價出清，不但可以換取現金，也可以挪出位置存放其他的商品。

小巧精緻的裝潢相當獨特。

旗艦精品

名牌眼鏡合法經銷代理
保證血統純正
叫價卻低於正櫃 2 、 3 成
時髦流行不多花冤枉錢

旗艦精品眼鏡店

DATA

地址：台北市臨江街65號
電話：（02）2700-7787
營業時間：15：30~凌晨01：00
每日營業額：1.5萬
創業金額：50萬左右

配戴太陽眼鏡，最初的用意只為遮蔽耀眼的陽光，現在卻在世界各地的時尚舞臺引領下展露頭角，成為時髦的配件，追求流行的新玩意。而世界級的設計大師所推出的品牌眼鏡，更是以獨特造型站在流行前線，不過昂貴的價位也令人望而卻步，並不是每個人都買得起，特別是高成本的專櫃，可能只有富裕人家才是座上賓客。

其實，近年來坊間正流傳著真貨便宜賣的「路邊專櫃」，一般顧客可能會誤以為是仿冒贗品，其實他們可是以「正常管道」向台灣有經銷權的代理商拿到的真品，只是因為沒有店面的高管銷成本，自然能省下將近二、三成的費用，不用將價差轉嫁給無辜的消費者。如果你是名牌愛好者卻捨不得花大錢，那麼找這種「路邊專櫃」下手可是個捷徑，況且有代理商的品質保障以及售後維修服務，絕對可以既戴得時髦，又買得放心。

全世界的名牌都在這裡，彷彿時尚縮影。

✿✿✿ 心路歷程

　　每個人自行創業之前，背後必定有個故事。「旗艦精品」的店主是一對年輕、亮麗的情侶檔組合，嚴格說來，應該是先前從事眼鏡批發行業多年的男主人才是老闆。或許是業務員的工作過於單調，每天就負責將公司生產的眼鏡推銷給各家眼鏡行，週而復始日復一日。這樣對一位心中早在盤算有朝一日要自己開店賣眼鏡精品的青年人來說，實在沒有太大的挑選性。就在一次地利人和的機緣之下，便毅然決然離開平凡無奇的業務銷售工作，轉戰精品領域，將自己的層次向上一級躍進。

　　雖然是平淡無味的工作，卻也練就了一身修理眼鏡的好功夫，因為有紮實的基礎，因此做起本行生意來更加得心應手，這也是老闆自豪的一點；更因為他們家的貨色血統純正，有代理商的背後撐腰，所以能幫客人做免費的售後維修服務，這些售後服務可是一般「路邊攤」辦不到的。

　　「時機歹歹，生意難免受到影響，好在當初選擇在東區最熱鬧的夜市設櫃並沒有同性質的競爭對手，這兒的顧客消費能力比起其他夜市的人們來得高，也比較懂得欣賞本店的產品。除了有時碰到擾人的雨天，造成當日業績的下降之外，其它也就沒什麼好擔心的。」老闆淡淡地說。創業一年多，正好歷經景氣低迷的冰風暴，因此該店銷售的高單價產品，生意或多或少會下降，但從年輕老闆的自信臉龐中，看不出一絲一毫意志動搖，反倒是一股愈挫愈勇的動力驅使他更加努力。

「想買時尚精品名牌眼鏡，絕對不要錯過我們這裡，純正的血統卻低於精品專櫃價位2至3成，最重要的是售後享有維修服務，加上款式新潮，保證跑在流行最前線。」
老闆・廖士震

🍀🍀🍀 經營狀況

命 名 ■■■■■

　　如果你從通化街一眼望去，可以看到醒目的長形燈箱
招牌大剌剌地寫著「旗艦眼鏡精品」六個大字，清楚地告
訴往來的人潮他們家的眼鏡全是「精品」，沒有瑕疵，保證
貨真價實。標榜「旗艦」用意無它，無非是想跟路人大聲
宣示即使是一面牆的店面，款式之新穎並不比眼鏡行來得
遜色，甚至貨色更加齊全。如果你稍加留意，牆面上還寫
著一句看似英文又非英文所拼成的字母──Avant-Garde，
不明究理的人還以為是登對的情侶拍檔的英文名字組成，

純正的精品血統，卻擁有路邊攤的價格。

原來那可是含「旗艦」之
意的西班牙文呢！

地　點 ■■■■■

　　做生意選地點可是格
外重要，地點選得好，只
要貨真價實保證有錢賺，
一旦選錯地點，即使你賣
的是黃金，遲早也要關門
大吉。當初正好因為舊識
朋友在通化街夜市開了一
家店，問起他有沒有興趣
承租店門口的牆面，正好
心中有盤算做精品眼鏡生
意，因此一口欣然同意。

　　看中這裡是東區消費
能力最高的夜市，符合販
售商品的偏高價位屬性，
加上晴天的夜晚人潮更
多，可說是愈夜愈美麗，

　　上等的貨色也要有展
示架的陪襯，才能烘托出
精緻的質感。貨架的擺設
陳列容易影響客人的眼
光，適當的陳設所營造出
的氣氛可以帶動買氣吸引
人氣，不容置疑。由於人
是感官的動物，容易受到
聲光的刺激，因此櫃位色
彩的選定，還必須搭配商
品的特性，兩者相輔相
成。黑色雖然是無色彩，
卻也是流行舞臺的常客，
特別是這兩年可算是重量
級的主色彩。店主說，他
們會採用黑色為該店的重
要色系，除了上述的因素
外，最重要的一點在於裡
頭的專賣服飾的店面裝潢
全用黑色，為了店裡店外
合弦共鳴，才會要求設計
師根據他們自行畫好的草
圖訂製而成，大約花費新
台幣三萬元，就有一個
「高貴」而不貴的櫃位了。

旗艦精品眼鏡店

名牌出手的確不同凡響，炫彩鏡片惹來注目。

應該潛藏著無限商機，所以頗有生意頭腦的老闆二話不說點頭答應，開展了他的新事業生涯。

租　金

　　每個熱鬧的做生意區段，攤位或店面都有一定的行情，特別是各個夜市還會依不同情況訂定租金價碼。此話怎麼說呢？以士林夜市為例，因為腹地範圍廣大，牽涉到不同路段，又有巷內、大馬路旁的店面及攤位之分別，租金當然高低有別。而在通化街夜市，短短的臨江街一條通到底，沒什麼變化，所以店面及門口的牆面租金行情就相差不多。通常是以店面的租金去推算這小小的一道牆的價值，它的優勢在於即使是隨便晃晃的人潮經過，也會產生

經濟效益，因為人潮逛街的習慣是，假如沒有特定購買慾，自然不會刻意跑進店裡，反倒是門口的這面牆佔到便宜。可想而知，店租就不見得便宜到那兒去，以一間店一個月十至二十萬租金來說，這一面不到二坪大的牆面就索價四萬，至於值不值得就看老闆怎麼評估。

進貨地點 ■■■■

　　睜大眼睛看他們家的貨的確是樣樣真品，絕非坊間擺攤的「水貨」，或者是仿冒贗品。能這麼有把握主要是因為老闆進貨的來源，也就是我們口中所謂的「大盤」，可是有名有姓，且經過合法取得外國知名品牌經銷權的「台灣代理商」，透過代理商的正當管道，當然百分之九十以上的每一支品牌眼鏡就大有來頭、支支真品。另外，有時候如果有朋友出國也會情商他們看看國外是否出新貨，順道幫忙帶貨。再者，由於和從前的眼鏡批發老闆還是保有良好關係，所以也是會兼賣台灣的眼鏡，當然售價上會比名牌眼鏡來的經濟得多。

銀色框架書生氣息盡露無遺。

選貨標準 ■■■■

　　要抓住流行市場，要
先懂得抓住客人的口味，
初做生意還無法預估客人
的喜好，只好先運用自己
的靈敏嗅覺及個人獨到的
眼光採買貨品，也可以多
翻閱時尚雜誌參考帶貨。
總之，剛起步可能還得試
探一下市場，同時積極地
觀察客人，經驗慢慢累

金屬框邊眼鏡地位屹立不搖。

積，時間
久了就大致了解
客人的需求，並兼顧時
尚腳步提供當下最
IN的商品，代理商新貨一
到也會立即通知，販賣精
品也是販售流行，如果沒
有跑在最前線就等著被淘
汰。

批貨技巧 ▉▉▉▉

　　精品眼鏡的進價本來就偏高，加上代理商為了維護品牌在市場上的價位避免打壞行情，所以往往有一定的公訂行情價，精品的東西又不能一次進太多的量，否則就不是獨一無二了，因此，議價的空間就相對縮小，聽起來硬梆梆的不成規定有點不合情理，但若站在原有品牌經營的立場看來，為了保有其獨特性及台灣人偏愛抄襲的習性，維持既定的遊戲規則，精品專櫃也才有生存空間，和所謂的水貨或是仿冒品才有所區隔。

旗艦精品眼鏡店

貨品特色 ▌▌▌▌

　　酷愛知名品牌的超級迷戀家在此可省下不少冤枉錢，
這裡架上掛的、櫃裡賣的全是款式新潮、走在流行尖端的
前衛造型。一般來講，想購買新型時髦眼鏡的客人多會來
這兒挑選，因為比起傳統眼鏡行造型顯得獨特許多，卻也
同樣具有眼鏡行的鏡片換修服務。如果你個人覺得鏡片大
小不符合臉型，老闆絕對幫你免費修改到大小適中為止。

　　說到自家產品的特色，年輕老闆以堅定的口
吻說：「品質、價位保證令人滿意。」

整體氣氛佳，櫃位色彩鮮明。

全世界的名牌都在這裡，彷彿時尚縮影。

成本控制 ▨▨▨▨

　　凡事量力而為，做生意也不例外，約莫經過三至六個月生意有穩定的發展後，就得學著控制成本，每個月賺多少就進多少的貨，進貨成本要自己依比例估算。以前，販售流行眼鏡有大小月之分，所以進貨量會依據月份大小推算，但現在配戴眼鏡已是時髦象徵，就沒什麼分別了。由於「旗艦」的開銷僅止於房租和一個人事費用，所以每月進貨量較容易拿捏。至於價位的訂定，老闆說他們是「薄利多銷」，售價少則三千元，動輒八千元，成本亦所費不貲，加上該店的地點選在夜市，也唯有盡量降低成本來因應顧客的購買力。

售貨要訣 ▪ ▪ ▪ ▪

常常有客人會對他們店裡的商品產生質疑，這也不能責怪一般判斷力不足的消費者，或許是仿冒品歪風盛行，連帶著他們得揹負被懷疑的命運。不過假如碰到這類的問題，起初老闆自然會「好言相勸」，滔滔不絕地解釋自家的產品，假使客人真的不信，絕對願意提供代理商的聯絡方式，請客人自行去查證比對。再者，祭出「保證卡」之法寶，不過有沒有保證卡可得視品牌而定，其餘的品牌也有代理商的保證書，向客人拍胸脯保證產品是由他們公司出貨，有任何問題歡迎客人來個售後維修服務。

客層調查 ▪ ▪ ▪ ▪

一年多的生意做下來，多少也有老主顧回籠，上門光顧的客人以二十歲到三十五歲有經濟消費能力，並且喜愛追逐流行、能夠接受該店價位的上班族為主。坦白說，隨隨便便叫價三千元以上的奢侈品，並不是一般學生所能負擔得起，相反地，

熱情的紅、豪放的紅與純真的白，各有特色。

就一些階級人士的眼光來看這些名牌眼鏡竟賣此等低價位，可算是值回票價，但是針對手頭不寬裕的顧客來說，眼前這些貨真價實名牌眼鏡可說是「奢侈品」。

未來計劃 ■ ■ ■ ■

　　站著做生意的角度，心裡總有著些許的遺憾，因為一支物美價廉的高級精品眼鏡，是不應該草草率率地推銷售出。未來如果有適當的機會，存夠了擴充店面的本錢，會將事業版圖「由外向內」擴展。總是覺得坐著慢慢解說自家產品，會比起站著做生意來得舒服許多，客人也能在舒服的環境坐著挑選最適用的眼鏡。不過看倌們請放心，老闆會維持「攤位價」及原有的質感，至於願望何時實現，就得看老闆的努力成果。

成功創業一覽表

創業年資：1年餘

創業資金：約50萬

坪數：大約2坪大的牆面

租金：一個月4萬

人手數目：2人

平均每日來客數：約6至8人成交

每日營業額：1.5萬

平均每月進貨成本：約15萬

平均每月營業額：45萬

平均每月淨利：25萬

旗艦精品眼鏡店

如何踏出成功的第一步

　　景氣持續低迷，失業率屢攀新高，一波又一波的資遣風潮，人人自危，無論是有危機意識的人也好，或是慘遭裁員的人也罷，愈來愈多人投身路邊攤行業糊口，或是兼差作起副業。不管是一只皮箱創業，還是租個小牆面，年紀輕輕的老闆以過來人的經驗，建議想創業的新鮮人，在各行各業都不好做的情況下，還是保守一點，比較穩當一些。

　　如果已經決定自行創業，最好先探聽市場、選定地點，同時看準預備銷售的產品，再打聽妥當貨源的管道。不建議不具備任何商品知識、或毫無經驗的人貿然投入，如果心裡真是打定擺攤主意，最好先徵詢有同業經驗的人意見，一來可以少吃點虧，二來能夠取得批貨門路，一旦下定決心就放膽一搏，但如果三個月後沒看出一點小小成果並且持續虧本，記得立即收手！

和太陽光緊密結合的黃色墨鏡。

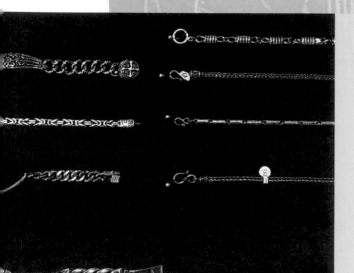

鄭文河工作室

專業銀師鎮店
訂作維修保證
獨家量身打造
獨一無二飾品

銀座—鄭文河工作室

DATA

地址：台北市臨江街63號
電話地址：台北市臨江街110-2號旁
電話：（02）2737-5548／
2736-5508
營業時間：18：00～凌晨01：00
每日營業額：1.8萬
創業金額：100萬：0932-334-412
營業時間：15：30～凌晨01：00
每日營業額：7萬
創業金額：30萬

你相信純銀有趨吉避兇、捍衛健康的本事嗎？老外特別偏好配戴銀飾不外乎這點「迷信」。

從人類食、衣、住、行無虞後，身上批掛的，除了蔽體之衣服，還外加了裝飾性的金屬物品，金、銀、銅、鐵、錫在無限可能的創造下成了最佳附屬配件。雖然它可有可無，但對愛美的男男女女而言，出門少了它彷彿只穿「國王的新衣」。金的延展性佳，也因此不易塑造多變的造型；相對地，銀雖然保養費力，也不如黃金飾品來得有收藏價值，但其伸縮自如的延展特性可變化萬千風貌，對喜愛嘗鮮、追求流行的人來說，有更寬廣的搭配空間，所以銀飾在飾品配件舞台仍有其舞動的生存空間。只是，銀跟金都有分等級好壞，外行人常被業者騙得團團轉，名牌或許有它的價值存在，但同樣是純銀飾品，造型也同樣獨特，若只差了MARK，會挑選那一種，就因人而異了！

飾品等級齊全也是許多客人喜歡一再光顧的原因之一，這兒的品質也可以百貨專櫃媲美。

　　兩個大男人，張羅著飾品生意，看來有點不協調，殊不知兩個男人一做就是十年寒暑。明眼人一看就明白，兩個長相極為相似的是流著相同血液的兄弟，不同的是個性卻有一百八十度的差距。弟弟斯文沉靜，哥哥健談豪氣，剛認識時會覺得他們冷酷、很難親近，但打開話匣子後會發現他們兄弟倆可是「俠義柔情」。

　　十年前，哥哥的工作遭遇一籮筐，他有點不好意思的笑說國中沒念畢業，跑到銀樓當學徒，邊做邊學也在那裡習得一身好本領。服完國民應盡的義務兵役，斷斷續續為了討生活，做過許多粗重的工作，扛瓦斯、送飲料……，等存夠本錢後即憑著會打造金飾銀飾的手藝出來闖蕩江湖，做起路邊攤生意了。

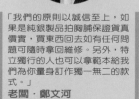

　　早期還沒來到通化夜市設固定攤位前，還只是個「流動攤販」，有幹勁的老闆一日連趕兩場，白天下午在永和樂華市場做生意，到了夜市人潮正熱的時段趕來臨江街「續攤」繼續搶錢。這樣的拼死拼活手頭稍微寬鬆，開始盤算下一步該怎麼走，如此才有了今天小小的成就。但畢竟自己當老闆並不容易，初期常常有人順手牽羊，為此就得緊迫盯人，即使

> 「我們的原則以誠信至上，如果是純銀製品拍胸脯保證貨真價實，買東西回去如有任何問題可隨時拿回維修。另外，特立獨行的人也可以拿範本給我們為你量身訂作獨一無二的款式。」
> 老闆‧鄭文河

身強力壯的老闆也禁不起壓力，胃部時常隱隱作痛，不過，現在就抗壓性強些了。十年走來，始終如一的堅守誠信原則，讓「銀座」得以「永續經營」。至今，儘管通化夜市競爭者眾，依然屹立不搖了十個年頭，其重點在於堅持賣高純度的銀製品，因而為這家老字號銀飾店帶來口碑。

鄭文河工作室

✿✿✿ 經營狀況

命 名 ■■■■■

　　看到名片上的店名，還以為來到日本「銀座」，可千萬別誤會，老闆只是為其販售的商品下個容易辨識的註解，才取其同名諧音。到現場勘察發現這裡還真像是個小型銀礦，取其名並不為過，令人不解的倒是何以沒看到「銀座」招牌，反而天花板是高掛著以老闆為名的「鄭文和工作室」？原來去年底才稍微整頓過店面，很多客人只知道店裡的貨是真材實料外，老闆的鑑定、訂作、維修手藝卻被埋沒，因此老闆乾脆將自己的名字懸掛在店招牌上，清楚地告知客人老闆的名號即是最佳保證，除了賣真銀之外也賣工藝，而且保養維修與鑑定都不收一分錢。

獨特造型令人產生無盡聯想。

地　點 ▪▪▪▪▪

　　會選擇這裡設固定攤位，一來因為此處地段佳、人潮多，更重要的是，從小就在當地土生土長，腳下的這塊地是公有土地，但擁有人卻是年邁的父親，因為父親持有政府授與的攤販證，早年父親就已經在這裡做生意了。直到父親退休，剛好自己閱歷也夠，也就接手開起固定攤位。如果仔細一瞧，「銀座」的所在位置竟在老舊屋厝的巷口，沒有正確的門牌號碼，如果不是合法授得經商證照，多事仗言的路人可能就要到警察局告他們違法營業了。

租　金

　　由於是合法持有攤販證，土地公有，自然得盡國民納稅人義務，每年的稅金變相成為租金，除此之外，每個月還必須另行支付二千多元的稅款。

　　話雖如此，鄭老闆仍舊比別人多了一分幸運，每月不需額外支付數目可觀的房租，這筆錢省下來貼補家用也不無小補呢！鐵漢柔情的鄭老闆表示，即使已成家有妻小要扶養，但懂知恩圖報的他感念父母親年事已高，況且年輕時候就吃住家裡，也沒拿過一毛錢孝敬父母親，所以現在有本事後多賺一點就多拿些回家，鄭老闆笑說就當是繳房租囉！

鄭文河工作室

硬體設備 ▪▪▪▪

　　去年年底才翻新門面，如果你是常逛通化
夜市的熟客，應該依稀記得這家攤位不像現在這般明亮，
包括陳列櫃、展示盒、燈飾等都是全部重新找木工訂製，
共四個大櫃子，花費僅不到五萬元，老闆建議在台北環河
南路一帶收費都較為低廉合理；至於擺小飾品的塑膠盒可
以到三重或台北後車站看看。以前後面還有個修理工作
檯，前面則是L形的展示架，現在則全數改為淺木色系的物
櫃，並換上明亮的燈飾，更將閃爍的銀飾襯得發光。

進貨地點 ▪▪▪▪

　　為了滿足不同客層的需求，真假銀飾這裡都有賣，琳
瑯滿目的貨品當然來自世界各地，品質有好有壞，款式亦
有新有舊。如果你的預算有限，純粹為了好玩，那麼來自
泰國當地或台灣本土工廠自行生產的東西適合你；假使你
買不起名牌卻又特別挑剔造型，建議你花多點錢購買來自
義大利、美國或尼泊爾的進口貨，款式特殊又質感超精，
戴在手上絕對惹來注目。倘若你想一枝獨秀，可央請老闆
為你量身訂作，只要畫出心目中的理想圖形，老闆可以專
為你打造一枚戒指或是一條鍊子。不過要有個概念就是：
量身訂作獨一無二的代價也不低喔！起碼要三千塊以上，
至於划不划算就看個人如何評斷了。

選貨標準 ■■■■

　　十年光陰不算短，從前人的眼光跟現在又不大一樣
了，挑貨常常得隨客人的口味經常變換，同時又得兼顧各
種年齡層的喜好，特別是現在的年輕人喜歡與眾不同，因
此鄭老闆挑貨時為避免顧此失彼，索性依據自己的經驗及
專業眼光判斷挑選貨品。不諱言自己去泰國帶貨時曾受騙
上當的經驗，當時就是忘了攜帶專業工具鑑定真假，才吃
虧上當，因此，從那次之後每次出國帶貨更加小心翼翼，
免得砸了自家專業鑑定招牌，否則豈不惹人看笑話?!

批貨技巧 ■■■■

　　自己出國進貨，得特別小心上當受騙，語言若成問題最好
有當地朋友或是有擅長該國語言的人一塊兒同行，否則提及敏
感的數字容易一言不合，輕則做不成買賣，重則拿到一堆破銅
爛鐵還被當成傻子耍得團團轉。幸好鄭老闆本身即有辨識真偽
的能力，對方開的價碼如果和其訂定的價值不吻合，他寧可換
下一家挑貨，因為他認為做生意首重誠實、信用，對方如果是
不重誠信的人，他也不願與之
打交道，破壞自己做生意的原
則；再者，如果對方建議帶的
貨過於貴重，他也寧願不要，
因為競爭對手實在太多，太貴
的貨一點也不好賣。

梳妝打
扮也能
如此夢
幻。

成本控制 ■■■■

　　少了房租，省了請人手的開銷，成本自然可降低。一直以來，都是兩兄弟顧店，從未花錢請人，鄭老闆說：「其實應該要請人才對，因為做女孩子的生意找個女店員生意比較容易談成」，不明究理的人可能會誤以為是為了節省開支，才一直由老闆自己打理生意，實則不然，因為賣的東西專業，不想讓不懂的人跟客人做錯誤的解釋，因為如此，才一直沒找人顧店，否則就不用那麼辛苦了。談到訂售價，鄭老闆似乎有點語帶保留地說：「看商品吧！大約會抓個兩成。」

夜市裡的十年老店去年底才重新裝潢。

貨品特色▌▌▌▌

　　儘管鄭家銀飾款式眾多，但最能令兩兄弟抬頭挺胸大聲說話的特點在於：自己會打造銀飾，甚至自詡為「銀師」。通化夜市裡或許許多攤位都自稱賣「純銀」，但充其量這些人都只是門外漢，純粹買賣，並不像鄭師傅有功夫底子，既能鑑定，又可訂作、維修、保養，一切都包，這點是鄭老闆最引以自豪的。另外，飾品等級齊全也是許多客人喜歡一再光顧的原因之一，可以在這兒買到百貨專櫃的品質，也能滿足預算有限的客人，不怕挑不到喜歡的款式。

鄭文河工作室

姓名：黃煜珊
性別：女
年齡：18
職業別：學生

購·買·原·因

　　因為很喜歡戒指這種小東西所以常來這裡逛，雖然這裡有很多店家，但它們幾乎大同小異，但鄭家銀飾的造型出眾，持久耐看，甚至可以量身訂做，雖然價格貴了點，但品質很好所以覺得值得！

售貨要訣

第一次來訪的客人可能會因為兩位頭家兇神惡煞的臉孔而懼怕詢問價錢，鄭老闆不得不承認偶爾會因為這點因素錯失了賺錢的機會，其實兩位大男人只不過是面惡心善，看倌可別因為這樣錯過買好東西的機會。通常客人會對商品純度有所存疑，但如果你開口詢問不同商品售價的差異，通常老闆會有耐心地解釋，如果你也同樣有耐心，說不定能從中了解銀飾的保養常識，以及如何評斷真偽銀飾的專業知識，如此一來還算是揀了便宜呢！但酷酷的老闆若碰到講不聽的客人，他只會一派瀟灑地說：「算了，不說了，時間久了自然會印證。」

客層調查

台灣人的忠誠度較低，除非是百年老店屹立不搖外，消費者很容易喜新厭舊，對人、對事、對物皆是如此。開了十年的固定攤位，還能在夾縫中求生存實屬不易，特別是販售流行性強的商品，十年來把持誠信原則也穩固了不少客源，即使是當年十幾來歲的小客人，歷經十年光陰長大成人，同樣也會再光顧，意謂著鄭家銀飾的確貨真價實，服務週到。至於客層則不一定，只要買過的人，必定會回籠，其中有老、有少、有男、有女，總之，用過都說好！

頭上髮飾也能如此有味道。

未來計劃 ■ ■ ■ ■

　　看起來經營得有聲有色的小本攤位生意，十年，該是轉型或擴張版圖的時機了。曾經有人建議鄭老闆到百貨公司設立櫃位，但成立公司談何容易，既要專利，也要品牌，這些除了得有雄厚資本，還得額外付出更多心力。談及這些，鄭老闆搖搖頭說：「還是安份地過這樣的日子就很開心知足啦！」

成功創業一覽表

創業年資：10年

創業資金：100多萬

坪數：4坪

租金：為合法持有攤販證，除每年繳納稅金外，每個月並另行支付二千多元的稅款

人手數目：2人

平均每日來客數：30至50人

平均每月進貨成本：10萬左右

平均每月營業額：54萬

平均每月淨利：40萬

鄭文河工作室

如何踏出成功的第一步

　　人家說情侶剛開始交往，要「三分之一觀察、三分之一理智、三分之一投入」，不要一次放太多感情，否則到頭來受傷得太重不易痊癒。同樣的，做生意也是，尤其是從未有過經驗的人更是要小心翼翼呵護好不容易存下的本錢，不要以小博大把全部的資本一次投入，如果真是想清楚要開店做老闆，那最好是從跑警察做起，一來不需太多的本錢，只需一只小皮箱子就能創業，回收得快。即使業績不好也容易收山，就當花點小錢學做生意買點教訓。但如果財力不夠雄厚，風險相對大增，特別是在現在不景氣的年代，還是保守一點穩當一些。

　　另外，選擇銷售的商品符不符合自身的興趣很重要，最好還帶點對其產品有專業的知識，賣起東西來能更得心應手！鄭老闆以過來人心態奉勸朋友，先評估自己有多少實力，再跟創業搏感情。

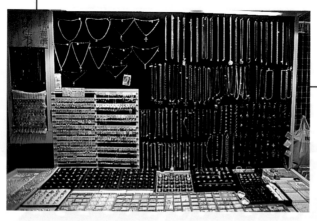

鄭家出品，
上架的貨色
品質保證。

羅門

二十年悠久生意經驗
態度十分和藹親切
生活惬意用心經營
合理價格以價取勝

羅門

DATA

聯絡人：王如瑩
電話：無
地址：台北市羅斯福路四段84號
營業時間：14：00～22：30
公休日：無
每日營業額：8千至1萬元
創業金額：20萬

羅門銀飾
捷運公館站
基隆路
羅斯福路
新生南路

　　自從范曉萱穿了八個耳洞後，似乎引起一陣穿耳洞的風潮，不只是耳洞，連舌環、肚臍環、眉環等等，一股洞洞風潮由此而生。

　　八個耳洞的偶像效應，賺翻了賣耳環的人，原本只賣一對耳環，這回可要四對才夠戴了，因此路邊攤的小生意也開始朝著販售耳環等小飾品發展，販賣各是各樣的小耳環、項鍊、墜子、戒指等。生意興隆也許是飾品的成本不高，造成消費者有購買的能力，以低創高。販售飾品沒有像其他性質的商品，那樣繁雜和高成本。想要創業的新鮮人，一只小皮箱就能裝很多東西。若是要批貨，也不需要花上萬把元，是一個最容易打入的行業。

　　在飾品售價低廉的情況之下，每一位顧客都有足夠的消費能力。從十幾歲的學生到媽媽級的女性，全是目標的客群。正因客源多廣以及經營容易，因此同業的競爭者也不在少數。如何有效的掌握顧客，就成為很重要的因素。另外，價格也是競爭的籌碼。想要拔得頭籌，就要在這兩方面多下工夫。

戒指耳環整整齊齊排列，
讓顧客能夠一目了然。

✿✿✿ 心路歷程

　　自小父母就從事經營買賣生意的工作，因此老闆王如瑩從小就開始在家幫忙做生意，耳濡目染之下，關於做生意的經營技巧以及與顧客的對談行銷，一點也難不倒她，相對練出她的一口銷售好功夫。不喜歡被拘束的個性也是從小養成的，自出社會後就一直從事與經營生意相關的工作。不論是當雇員或是自行開店，做生意前前後後已經累積有二十年的歷史了，因此也經歷許多世事，並見到一些市場上的改變，所累積的經驗也足以讓後生之輩作為參考依據。

　　王小姐之前是經營其他性質的行業，二年前經由朋友的介紹才開始經營飾品的販售。一開始找了很多的銷售地點一一評估考量，最後才選擇在公館這個地段，因為這裡的租金比較便宜，只要下課下班或是假日的時候人潮就多，且公館這裡各種年齡層都有，所以輕易就可擁有相當廣泛的顧客群。

　　屈指一數，已經二十年的生意經驗了，回首這一路走來的曲折蜿蜒，總有許多的甘苦酸甜。但大體而言，老闆倒還覺得蠻滿意的，雖然工作時間很長，一個人顧店時也非常辛苦，而且擺路邊攤不但要躲警察，還要日曬雨淋地與天氣搏鬥；然而這種無憂無慮、毫無約束的工作型態，卻是許多人趨之若鶩的工作方式，因此整體而言老闆仍然十分滿意。若是再選擇一次，她還是會再走上這一途。

「我們的價格覺對比其他店家便宜，來過的就知道。而且服務是我們最把持的一關，親切的笑容與和善的服務，盡己所能得達到顧客需求，是我們的目標。」
老闆‧王如瑩

✿✿✿ 經營狀況

命　名 ■■■■■

　　為何叫做「羅門」？「羅門」兩字給人一種深奧、未知的感覺，也似乎隱含著一種未知的涵義。而且路邊攤很少以如此文學的意思命名，真是讓人匪夷所思啊！老闆回答：「其實攤位的命名並未有任何由來，只是單純的因為都是固定跟一家同名的飾品工廠批貨，因此就沿用這個名字。」這也是互相打廣告的一種方式。

地　點 ■■■■■

　　公館可以算是一個交通的樞紐站，學生與上班族都會在此換車，因此有許多過路客造成的人潮。只要一到了下班或是放學時間，人群就會一擁而出，而且捷運不但讓交通更為便利，也讓公館成為一個熱鬧的商場，因此考慮在此設點。

路過的人總忍不住要看羅門一眼。

租　金 ▓▓▓▓▓

　　雖然只有小小一坪的大小，而且在騎樓底下，但是經過巧思的裝潢後，讓牆面便改變成為可開關的牆壁小店(雖然這樣仍不能稱得上算是店面)。這裡每個月要二、三萬的房租，每天還要擔心警察的開單，如果被警察開單超過一定次數後，就要繳所得稅，聽來讓人十分驚訝！為何路邊攤也要繳所得稅呢？據說只要被警察開單就表示有營業，因此年底就會有一個名目要開店者繳所得稅，政府真是神奇吧！不過在騎樓下的好處就是人潮來往十分頻繁，加上靠近公車站牌，因此常常聚集不少群眾。

硬　體　設　備

　　這裡的硬體設備其實很簡單也很陽春，只要將一個隱藏式的櫃子，訂製於柱子上方就可以了。平常用大鎖鎖起來，開店時只要打開這個隱藏式櫃子，所有商品就可以一一展現在眼前。當然好收好開是首要考慮，因為警察可不會等你慢慢收好才過來。況且警察走了之後馬上要開店，必須要方便打開，因此硬體設備以便利性最為重要。由於販賣的是很多小耳環、飾品之類的商品，所以通常會用一個個的小盒子，分門別類的盛裝著，不但顧客方便取拿，也容易收藏。這些小盒子一般在批發商品的店家，就可以輕鬆購得。

羅門

彩色的珠寶戒指也是最受歡迎的人氣商品。

進貨地點 ■■■■

　　老闆大部份的貨源都是在同一家台灣飾品批發工廠批的貨，由於常常去批貨，因此跟工廠老闆很熟，也可以拿到比較優惠的批貨價。當然有時候也會到其他的店家批一些比較不一樣的小飾品參雜著一起賣。老闆說這間羅門飾品批貨處不但款式新穎，而且種類很多，還有一些百貨公司的相同款式，所以非常的吸引人。

簡單的格局規劃出乾淨、時髦的感覺。

選貨標準 ■■■■

　　雖然現在經濟十分不景氣，大家都緊縮荷包，對於高價格的東西也更為不捨，商品購買考慮的時間逐漸拉長。因此進貨時就要考慮一些單價較低的商品，才不會導致高價商品滯留存貨。低價的商品成本較低，藉此也不會積壓過多現金於存貨內。這裡的商品價格很廣，從幾十元到幾百元都有，所以學生族群也消費得起。

獨特有形的造型戒
指擄獲都會男女芳
心。

批貨技巧 ■■■■

　　不論對於批貨或是對顧客的態度都要更積極，是王小姐的經營之道。在批貨方面，必須常跑批貨的地方，多做比較，找出一些比較特別的款式，藉以和其他同業競爭。在技巧上，批貨次數多，數量卻不必多，只要多跑幾次，一有新貨就可以馬上取得，相信「勤勞」一定是對抗不景氣的根本之道。通常批貨量要視銷售地點與銷售坪數的大小而定。據老闆表示，通常一次批貨的金額在幾千到一萬多都有可能，全視當時貨源狀況而有所不同。如果覺得有許多不錯的新貨就多批一些，如果跟以往所批的貨品大同小異，那就少批一些。

成本控制 ■ ■ ■ ■

王小姐在批貨時就會先把商品的成本記住,因為批貨工廠會先行幫批貨者訂一個大約的市價,所以不需煩惱售價的問題,況且依照此售價,也不會跟其他競爭者在定價上有太多的誤差。在公館這一帶有許多飾品的競爭業者,想在同業中脫穎而出的訣竅為何?老闆王如瑩表示:「以價取勝。」因為業者是直接跟工廠批貨,因此成本十分便宜,訂定價格時也不要訂太高,這樣就可以與別家做出區隔性,顧客回流率也會普遍升高。

貨品特色 ■ ■ ■ ■

這裡的商品種類相當眾多,從幾十元一直到幾百元都有,可是普遍都比一般市價要便宜。便宜卻不代表品質不好喔!這裡的飾品款式新潮,有些還跟百貨公司的貨色一樣,所以想要挖寶來這裡準沒錯。有最受學生喜愛的炫麗耳環、受男生喜愛的酷炫項鍊,以及受媽媽族群歡迎的寶石系列等,都可以在這找到,而且價格便宜公道。有時老闆還可以幫你做簡單的改變,例如有些人沒有穿耳洞就無法帶穿洞的耳環,這時老闆就會貼心的幫顧客改成用夾的方式,只要挑到喜愛的款式,老闆馬上改馬上好,不用久候,這樣的服務也讓人覺得非常體貼。

售貨要訣 ■■■■

　　笑臉迎人是老闆王如瑩小姐給人的第一印象，她態度十分的和藹親切，讓人覺得容易親近。也許正因如此，回流的顧客自然非常多，第一次購買的顧客也會留下好印象。老闆王如瑩笑著表示：「凡是以和為貴，和氣生財嘛！」在老闆親切的對談中，雖然是初次見面，卻沒有任何的距離感，相信這也是一種銷售的功力吧！

　　老闆王如瑩特別提到，在向顧客推銷時千萬不可太市儈，有些老闆會因為客人不買就給客人臉色，這樣是不對的。除此之外，保持著「以客為尊」的念頭，傾聽顧客的特殊需求，詢問對方購買的目

流行
推薦

羅門

姓名：PEGGY
性別：女
年齡：22
職業別：學生

購 買 原 因

　　因為這裡的東西價格合理，所以常常會跟同學下了課就過來公館逛逛，看有沒有喜歡的東西。

的，譬如是為自己或為女朋友挑選購買，或是預算有多少
等問題，讓顧客覺得你的建議是為他的需要著想，對方將
會慶幸碰到這麼一位專業的老闆。

客層調查 ■■■■

細長垂肩的耳環，是性感與感
性的雙重結合。

其實公館的客層還是以學生
階層的人居多，因為公館四周林
立許多學校，所以學生族群是主
要的目標客群。老闆說這裡的
顧客從十幾歲到五十歲都有，
所以商品也是跟年齡層一樣，
要同時有年輕化產品和成熟穩重的產品。這裡的消費能力
不像東區，所以物價不能訂得太高，否則就會乏人問津。

款式新穎，價格公道，難怪人潮絡繹不絕。

彩色的大耳環，可是時下最Hot 的物品。

未來計劃 ■■■■

　　老闆是一個大而化之，親切溫和的人。認為現在的工作已經很不錯，自由自在的生活十分愜意，沒有拘束，想去哪就去哪，也沒有人會管，不過這樣的工作還需要有一些自制力，也不可太隨心所欲，不然就賺不到錢了。對於未來，目前並不打算有太大的變化，只是隨遇而安。人只要開開心心的過日子就好了。這是老闆的生活態度與經營哲學。

成功創業一覽表

創業年資：2年餘

創業資金：約20萬

坪數：約一坪大的牆面

租金：一個月2至3萬

人手數目：1人

平均每日來客數：約50至60人成交

每日營業額：8千至1萬元

平均每月進貨成本：8萬左右

平均每月營業額：約26萬

平均每月淨利：15萬

羅門

琳瑯滿目的貨色讓人眼花撩亂。

如何踏出成功的第一步

　　要開店首先一定要有經營的熱誠，這樣不但做起生意會比較快樂，也會從中學習到更多的經驗與知識。其中，當然與人的互動很重要，畢竟商品是要賣給顧客的嘛！

　　台灣有句俗諺：「沒有笑臉的人，就不要做生意。」所以態度一定要親切婉轉，只要老闆笑臉迎人，對顧客噓寒問暖，有如多年不見的好友，在聊天之中，就可以一邊推銷商品，如此顧客購買的意願也會增高。另外，想要開店的話，最好是從成本低、容易切入的行業著手，才不會肉包子打狗，有去無回。且真的開店之後一定要積極做生意，不可偷懶自行休假，因為顧客可能在沒看到店面營業後，就光顧別家商店，屆時顧客也就從此流失了。

SILVER SKY

襪帽手套小飾品樣樣齊
哈日妹妹最愛
台灣別處買不到
喜歡與眾不同者歡迎來挖寶

SILVER SKY

┌─ DATA ──────────────────┐
地址：台北市忠孝東路四段87號
1樓1室
電話：0913-072-691
營業時間：11：00～22：30
每日營業額：1萬5
創業金額：45萬左右

捷運
忠孝復興站

敦
化
南
路

忠孝東路四段

復
興
南
路

★
Silver Sky

位於頂好名店城下的SILVER SKY。

所謂「人要衣裝，佛要金裝。」由此可見人一定要衣著來打扮。除了整體服飾搭配外，飾品配件也成為非常重要的一環，雖然只是一個小小的配飾，但搭配得宜通常就有畫龍點睛的功效。一般黃金飾品似乎又顯得過於俗氣，純銀的飾品就逐漸形成一股流行風潮，因為充滿時尚感受也非常的有質感，價格適中，色澤的呈現也絲毫不會過於俗氣。雖然各大品牌也都相繼推出銀飾飾品，不過價格過高並非一般民眾消費得起。有鑑於此，路邊攤也不甘勢弱一間間的展店。不論是項鍊、戒指、手環、耳環甚至到腳鏈，都讓人愛不釋手。而擄獲的年齡層也十分廣泛，從十幾歲一直到四十幾歲的客人都是銀飾的市場，且男女也都會喜歡銀飾飾品，因此這塊純銀飾品的市場還真是廣大，也怪不得大家會爭相投入這個行業。

　　問及為何會開「SILVER SKY」這一家銀飾店時，老闆微笑的說道：「因為興趣吧！」

　　老闆林宇彤先生，本身就非常喜歡銀飾的飾品，最早之前是受僱於當銷售的人員，後來累積一些經驗後，漸漸接觸到採購的領域。兩年前覺得自己對於銀飾方面也有一定的認知，所以決定自己出來創業，開了這一家「SILVER SKY」。一路走來，與銀飾共處也有七年多之久。老闆林宇彤先生表示，就是被銀飾的獨創性所吸引，因為其銀白的色澤十分吸引人，它的可塑性也高，想要塑造成什麼樣子都可以，變化程度非常多元化。也就是因為如此，老闆深深地愛上銀飾所有的相關產品。

　　由於已經有五年的工作經歷，才敢大膽開立一家屬於自己的店。剛開始的幾個月，由於創業的成本一下子投入過多，加上初期沒有足夠數量的客人，因此在業績沒有明顯突出的情況下，一些固定支出，如租金、人事成本等，一度曾造成財物吃緊的情勢發生。但為了理想的

「我們所販賣的任何銀飾，都經過細心嚴謹的品質控制，不論在成色拋光或是設計上，都對消費者有一定的保障，所以喜歡銀飾的消費者們也歡迎多來這比較比較。」
老闆・林宇彤

堅持，還是咬緊牙根硬撐下去，終於從第五個月起，漸漸有了起色，雖然沒有獲利，但至少已經可以打平收支。相信這是好的第一步，之後果真銷售業績漸形好轉。

　　面對經濟不景氣的低潮，侵襲著市場的購買慾望，然而因應這個困境，老闆認為唯有薄利多銷才可安然度過。雖然買氣普遍低迷，不過以價取勝，相信也會獲得不錯的業績。

✿✿✿ 經營狀況

命 名 ▮▮▮▮▮

　　老闆林宇彤提到：「相信每個店家在取名時，都費盡心思吧！不過我是一個很隨性的人，因此覺得好唸就可以了。」基於賣銀飾的理由，因此他覺得一定要有一個SILVER的字眼，加上一個SKY後覺得蠻順口的，所以店名就由此底定。爾後，也覺得「銀飾天空」有一種廣大開闊的感覺，也代表店內的銀飾商品，廣泛多樣化且包羅萬象。

地 點 ▮▮▮▮

　　選點是在開店前非常重要的一項工作，不但要親自實地考察，還要對當地商圈有一定程度的了解才行。老闆提到當初也曾經在別的地方開過店，但人潮不是太多，然而這種飾品類的小東西，比較不會有忠誠度，通常是顧客看了覺得不錯，價格合理就買。因此人潮的買氣帶動成為重要的關鍵。後來在朋友的介紹之下，才輾轉到這裡經營，人潮果真多了蠻多。該店是在一樓的出入口，因此除了騎樓的人潮外，還有一些進出頂好名店城的顧客。整體而言，這裡的地點算是很好的位置。

利用暈黃的燈光，營造典雅時尚感受。

租　金

　　雖然東區地段人潮眾多，消費者的購買能力相對較高，可是在這種高消費的地區，當然房租也是令人咋舌。沒有店面，就只是一片小小約一坪的牆壁，每月租金居然要高達七萬元。聽到這樣的數字，不免讓人捏了一把冷汗，更直接聯想到：要賣多少商品才能把一個月的租金打平！更令人訝異的是，外頭沒有店面的房租，竟然比頂好名店城內的店面還要高出兩倍左右，不過在裡面就沒有外面的人潮多，所以雖然租金高也還是值得的，整體而言，各有利弊，就端看店主如何權衡這兩者之間。剛開始開店時，最好選擇房租較便宜的地點，因為這樣的固定支出，才不會被經濟狀況壓得喘不過氣來。

Silver Sky

硬體設備

　　硬體設備在整體店家呈現上是極為重要的一環，也關係著此間店舖給人的直接印象，更維繫著顧客購買的動機。基於以上的理由，老闆林宇彤堅持以進口的設備來呈現店內的銀飾商品。除了一部份是在國內訂作之外，其餘的是親自去國外挑選合適的生財器具，諸如放置耳環、項鍊、戒指的器具等。國外的設計就更為活潑多變，不像國內般的死板。老闆說通常他去泰國或是韓國等地批貨時，就會順便看看這些相關設備，只要有喜歡著就買回來。那舊的怎麼辦呢？老闆爽快的回答：「就不要了！」可見得老闆對於店面整體的呈現十分重視，勝過成本的花費。老闆直言，站在顧客的角度來說，不斷的推陳出新，會給顧客一種新的感受，似乎每次來都有新的商品、新的氣息，這樣顧客回流的機率也較高。

進貨地點

　　堅持品質完美的老闆，進貨重心都放於國外（如泰國、韓國等地），就店內商品整體而言，約有百分之八十至九十的貨源來自於國外進口。因為認為國外的設計線條與整體的呈現都比國內來得優質。不過這是一概而論的觀點，國外仍然有些不肖業者會減少銀的用量，也

就是銀飾純度不及925，所以還是要小心挑選比較好的廠商。那要如何挑選呢？據老闆表示，累積七年的經驗，讓他可以輕易區別出成色的差異，不過一般剛接觸的業者或是同業們，可能就無法迅速分辨出來。所以如果決定要開店的朋友，可以先行請教有經驗的前輩們，才不至於吃虧受騙。

只要輕鬆隨意的配搭，就可讓你顯現不同一般街頭風味的休閒感受。

選貨標準 ■■■■

　　選貨的技巧也直接影響到生意的成敗，因為喜好其實是很主觀的一件事，所以選貨就成了很重要的一個部分。老闆表示選貨時千萬不可太過主觀，要想到別人的觀點，這樣商品才會大眾化，符合每一位顧客的需求。就東區而言，大多是女性消費群，因此挑貨時就會比較偏向精緻秀氣的款式，或是中性偏女性的樣式，會比較適合東區的格

炫麗奪目的飾品，相信戴在身上也會有好心情。

調。除此之外，一定要多看多比較多了解，試圖找出富有差異性的商品，這樣才有足夠的吸引力，讓顧客上門消費。既然身為銀飾業者，所以對於產品的拋光、色澤也就格外要求，這也是選貨時的標準之一，經驗的累積會了解如何可以選到品質優異的銀飾。

批貨技巧

　　通常是以一個月出國批一次貨，其餘的時間就會在台灣的批貨點到處看看，有覺得不錯的貨品也會進一些來賣，通常數量少的話，折扣數就不高，數量多的話才有議價的空間。由於老闆本身也會設計一些銀飾飾品，所以有時也會以訂製的方式來生產商品，雖然成本比起批貨商現貨價格要貴，不過自己的原創也獲得不少消費者的愛戴，

這也是一種批貨方式，不過，並非每一位業者都合適這樣的獨特行銷。剛開始進貨時，貨品不用一次進太多，否則存貨過多也易導致現金無法流動，所以建議第一次批貨時，要格外的小心謹慎。

貨品特色 ■■■■

經過老闆銳利眼光的嚴格挑選，店內的商品呈現的是一種質感與設計風格相互交錯，有偏中性化男女皆宜的商品，也有秀氣可愛適合年輕學生，還有精緻高雅符合都會上班族女性的需求。多元化的商品以及寬廣的價格絕對會將市場完全一網打盡。款式多、款式新，是「SILVER SKY」的最大特色。任何符合自我格調的商品皆有，可以創造一身

成 本 控 制

台灣零售業正面臨變化期，如何經營要靠智慧。經營一家店的成本控制成為非常重要的課題，尤其是在還未獲利的狀態之下，每一分每一毫都必須算得仔仔細細。老闆是把所有的成本，包含機票、租金、人事成本以及商品成本全部加總之後，求出成本總值，再加上預計獲利的利潤金額，最後訂定售價。通常售價是以一定的倍數去乘居多，不過仍要視商品本身的價值感而定，不可一味按此方法定價。

Silver Sky

屬於自我風格的完美詮釋。

售貨要訣 ▉▉▉▉

　　長久以來老闆秉持著一個經營理念就是「誠實待客」。老闆林宇彤謙虛的道出：「若說是要訣也沒有這麼大的學問，銷售時

成功創業一覽表

創業年資：2年餘

創業資金：約45萬

坪數：約一坪大的牆面

租金：一個月7萬

人手數目：2人

平均每日來客數：20至30人成交

每日營業額：1.5 萬

平均每月進貨成本：8至10 萬

平均每月營業額：45 萬

平均每月淨利：22 萬

一切以誠實兩字為出發點，讓顧客有了好的印象，回流率也會大幅增加。」經營是長久的，因此更要以一種誠懇實在的理念來經營。另外，保固與售後服務也是一大因素。想要以商品做出完全的區隔性是不可能的事情，所以必須從其他的方面著手，就好比售後服務和保固就變得額外重要，也唯有好的服務才能保持顧客的忠誠度，這也是顧客上門購物之道，不得不謹慎處之。

客層調查 ▉▉▉▉

　　據老闆二年來的觀察，東區的客層真的極度廣泛，每時每刻都有許多人在忠孝東路上逛街。白天以學生和婦人居多，晚上則是一般年輕的上班族。由於該店的貨品多元

化，所以吸引的客層也就相對廣泛，舉凡十八歲的學生到四十歲的媽媽都是這裡的主客。

未來計劃

老闆十分年輕，因此對未來仍有許多想法與企圖，想要嘗試的事情也很多。至於會不會持續展店或是朝向連鎖店發展？關於這方面，老闆還在考慮，不是不可能，只是需要再仔細評估整體的成本營收，畢竟要再開一家店的開店成本也不是一筆小數目，所以對每一步發展，諸如成本控制和風險評估都要做得很精確。即使老闆對未來有很多想法，不過實際情況仍然需要顧及，這樣才能在事業上持續且穩定的成長。

流行推薦

姓名：蘇小君
性別：女
年齡：26
職業別：服務業

購·買·原·因

本身喜歡銀飾飾品，所以常買一些耳環戒指之類的來做服飾搭配。這裡的銀飾款式很多，老闆也很親切，所以每次來東區逛街都會來這光顧。

Silver Sky

如何踏出成功的第一步

　　若要像老闆一樣出國批貨，除了要對銀飾有一定程度的認識之外，最好有認識的同行朋友，這樣切入銀飾這個行業會比較輕鬆。若是單槍匹馬出國批貨，最好要有一定的語言能力，也會比較方便。老闆的貨源多來自泰國與韓國，因此特別提到通常去泰國會比較容易，因為用簡單的英文還可溝通，去韓國就比較無法用英文溝通。二者相形之下，去泰國批貨會較為艱辛。除此之外，想要開店一定要有決心，不要虎頭蛇尾的一頭埋入開店行列，雖然說運氣很重要，可是經驗也是開店的首備條件。有一定的經驗，失敗的機率就會大幅降低。另外，用心經營和注意小細節也是初期經營的成敗關鍵，當然也關係著日後的發展。經營者必須注意到顧客的反應，適時的跟隨顧客腳步，做些調整，這樣才可以永遠掌握到顧客的心態與需求。

架上的展品都是今年不可或缺的單品，是可以讓你與眾不同的裝飾品哦！

HIGH 人不淺

看得輕鬆戴得時髦
價格便宜市價七折
保證真品仿冒賠十
全方位的售後服務

HIGH人不淺
眼鏡精品概念店

DATA

聯絡人：RICKY
電話：（02）2740-2170
地址：台北市忠孝東路四段97號
（頂好名店城1樓樓梯口）
營業時間：星期一～星期五12：30
～22：00，假日前夕～22：30
公休日：無
每日營業額：2萬
創業金額：80萬

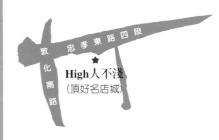

敦化南路
忠孝東路四段
★
High人不淺
（頂好名店城）

「HIGH人不淺」的人潮總是絡繹不絕。

　　炎熱的夏天，太陽眼鏡掀起一股風潮，雖然當天氣日漸轉冷後，沒有了刺眼陽光，眼鏡生意依然熱力不減，這顯示眼鏡已漸漸成為整體搭配的趨勢。在臉上配戴一副大眼鏡，特別是色彩鮮豔、造型誇張的眼鏡，如今已不是明星的權利，而成了全民流行大革命。一副有型的眼鏡，可以造就不同的整體風格，而且有色眼鏡也成為現今每人必備的搭配品。

　　太陽眼鏡在精品品牌陸續投入後，連續幾年已有精品化的現象，爭奇鬥豔的太陽眼鏡日漸風光。設計師品牌積極介入後，開啓了一場精彩的品牌戰爭。其他較小的廠牌，或是台灣自行製造的眼鏡，也依循著名牌精品眼鏡的腳步，生產出多樣化新潮多色的眼鏡，所以不論消費者是何種價格需求，都將有一種新的選擇，輕易的擁有一副超「ㄏㄤ」的眼鏡，成為一件極為容易的事。

✿✿✿ 心路歷程

　　第一次看到老闆，覺得老闆真是年輕，有種年輕創業有成的影像浮現。問及為何會開這家店，聽到老闆娓娓道來——原本在電視媒體工作，做的是有關電視編劇的職務，還包括一些造型等相關工作。由於工作的關係，認識了一些精品廠商，可以拿到一些名牌的精品眼鏡，後來到林森北路一帶擺路邊攤，當時也會帶著眼鏡精品到攝影棚，兜售給一些演藝圈的藝人，因為獲得不錯的銷售成績，後來漸漸才轉入這樣的行業。

　　據老闆表示，其實台灣目前並沒有名牌總代理，像是一些精品Prada或是LV等都只是代理其經銷權罷了。老闆說道：「由於台灣尚未加入WTO，因此只是一個區域，並未有所謂台灣總代理商的制度，因此所有名牌品牌的進口都只是經銷權，然而這些經銷權卻以高昂的價格販售其所代理的品牌，卻又稱其他的貨源為水貨。因此造就一般消費者的認知上有差異，認為不是經銷商賣的就是仿冒品。」事實不然，爾後又出現了所謂「真品平行輸入」的名詞，用來泛指不是經由經銷商進口的商品，這就是整個名牌市場的情勢。然而「HIGH人不淺」是以較低的價格來賣名牌眼鏡，卻也造成所謂經銷商的抵制，例如放話是仿冒品等等，因此這條路走得並不輕鬆。然而，如何在同業中脫穎而出，老闆提出了一項保證，即如果在店內買到仿冒品，願意退十倍的價格作為補償。可見得「HIGH人不淺」賣的都是真品，否則不會提出這樣的保證。

> 「我們這裡的名牌眼鏡，只要是你在任何雜誌上看過的款式，我們一定盡力找給你，而且保證真品，價格卻比外面便宜許多。若在這找到仿冒品，我們願意賠十倍價格，這是我們給予顧客的承諾。」
> 老闆・錢人豪

HIGH人不淺

✿✿✿ 經營狀況

命 名 ▓▓▓▓▓

　　「HIGH人不淺」，一個讓人過目難忘的名字，卻也耗盡老闆的心思。巧妙的以中文與英文的雙重組合，取其諧音的音調，不但好唸好記，更帶點風趣的店名，實在不易在外面看到相同的店名，真是匠心獨具。從取店名來說，自然不難發現老闆的個性——一位用心、別出心裁的人，要做就要最好，與眾不同且擁有自我特色，也難怪老闆年紀輕輕就事業有成。這樣的經營態度，也真切反映經營者的生活方式，想要開店的人也真要學學老闆的用心。

乾淨清爽的店面外觀十分亮眼。

一開始是從林森北路一帶的路邊攤開始經營眼鏡精品，也是首創在路邊攤販售名牌眼鏡真品的攤販。等到有些營收之後，才決定租設店面經營。老闆也曾經到百貨公司設櫃，這一路上起起伏伏，有賺也有賠，可說是感觸良多。現在的攤位設在東區忠孝東路頂好名店城樓下，之前也曾在頂好名店城內開過店，後來才搬出來，原因是外面的來往人潮比較多。當初選擇東區的主要原因，正是東區的消費群眾比較能接受新潮款式的精品眼鏡，消費能力也隨喜歡購買名牌而相對提昇。

租　金

這裡的租金索價昂貴，一面約一坪半的牆攤，一個月就要九萬元，令人瞠目結舌。相反地，若是想要省掉每個月的攤租，擺路邊攤就得擔心被警察開罰單，比較不穩定，所以老闆才會想找個銷售點穩定下來，這樣的租金可是一般剛開店者所吃不消的房租。所以建議初步開店的人，千萬不要選這麼貴的店面，否則如此高的成本可是很難分攤在成本之中。東區的店租雖是昂貴，不過該地段的客群都是「HIGH人不淺」的目標客群。只要選對地點對於銷售也有相當大的幫助，因此毅然決然租下這裡作為第一個銷售點。

HIGH人不淺

硬體設備

　　剛開始承租時，只有一面牆壁，空無一物，從攤位櫃到裝潢也花了不少錢，尤其是老闆特地邀請設計師訂做成自己想要的形式。現在看到美美的展示架以及優美柔和的燈光，都是老闆的精心構思。除此之外，還有一個獨立的眼鏡展示櫃，這是一般路邊攤不會有的高級展示櫃，雖然造價不凡，可是放在展示櫃內的呈現方式，就是不同凡響。況且這裡賣的都是真品，名牌物品也不免要一些完美的陳列方式，才可以顯現眼鏡的價值，所以老闆在硬體設備與生財器具方面，所費不貲。一般放置眼鏡的盒子則是在三重一家工廠訂製的，據說大台北地區的攤位展示櫃都是在這間工廠購置。

進貨地點

　　時下眼鏡造型與色彩不斷翻新，在設計上也不斷有新突破。「HIGH人不淺」除了一些主打的精品眼鏡外，如Prada，還包含一些價格較為便宜的造型眼鏡（指的是沒有品牌的），兩者價位不同，所攻佔的也是不同的顧客市場，所以進貨地點包含香港、新加坡、台灣等地，還有一些是參加國外眼鏡展時，在展覽的櫃位上直接下單購買，因此可以獲得名牌最新一季的款式，顧客不需等待就能即時擁有與國外的同步流行。

此件鏡框釋放著自然樸質風味，真是搶眼出眾！

選貨標準 ▓▓▓▓

　　新世紀眼鏡已經不只是觀看的光學功能，時尚的配戴與融入整體造型的一部份已然成為時下所趨，藉此也讓眼鏡有更寬廣的空間發揮。有鑑於此，通常在挑貨前，對於目前時尚的流行要有一定的認知，對於消費者的偏好也要有適度的了解。一般名牌的精品眼鏡，都有一定的客群，所以在挑選上比較不是問題。而其他較沒品牌的眼鏡，在挑選商品上就要格外注意。何種才是好賣的暢銷商品？質感是非常重要的，造型也是決勝關鍵，只要把握這兩點，通常都不會有太大的差距。無論如何，還是會有滯銷品的產生，這時就必須要忍痛出清，只要不要虧錢或是不要賠太多，都可以趁機出清存貨。

很有時代特色的復古眼鏡，讓你的輪廓纖細秀氣！

HIGH人不淺

批貨技巧 ■ ■ ■ ■

　　引進新品牌上架時，要儘量做市場區隔，主要是希望市場上品牌重疊性不要太高，讓消費者可以選到不同的鏡框或品牌，如此有助於市場多元化的造型表現，也較不會形成價格的惡性競爭。然而在沒有品牌的一般眼鏡部份，通常每一次的批貨量要在三百隻左右，因為一定要保持檯面上完整的陳列，所以最好要多批一點作為庫存，才不會導致檯面上空無一物的窘境。

一隻隻整齊的復古細邊眼鏡，色彩設計概念非常強勁！

此處的風格迥異有別於一般眼鏡店。

成本控制 ■ ■ ■ ■

　　名牌精品眼鏡的部分，成本本來就比較高。該店精品眼鏡的定價是外頭店家的七折價格，因此價格可說是競爭力的一環，相對地，所獲利潤也會比較低。一般無廠牌眼鏡則是款式很多，售價也訂得十分合理，因此顧客絡繹不絕。除了這些進貨成本之外，人事成本也不少，請一個人幫忙顧店，一個月也要二至三萬的花費。所以老闆說，開店並不是想像中那麼好賺的。

貨品特色 ■■■■

　　老闆信誓旦旦的保證，這裡的眼鏡全部都是正牌的商品，絕無一隻是仿冒品，然而便宜的價格卻讓許多不識貨的消費者認為是仿冒品。對此，老闆也提供了一個辨識的方式。只要是店家說自行出國帶貨回來，通常都是仿冒品或是過季商品才有可能，因為一般當季正品是不可能自行出國帶貨的。另外，消費者不妨以是否有完整的品牌陳列架、海報、展示台等做參考，會販售正牌眼鏡的店家，通常會提供完整的全套陳列，以表現品牌的完整形象，值得消費者選購前多加留意。另外，在這裡配有度數的鏡片，不論是否染色、散光、近視度數深淺，都是一千元不加價。無框眼鏡還可以做多種造型，都可以請「HIGH人不淺」幫您設計改造，真是很便利又貼心的服務。

流行推薦

HIGH人不淺

姓名：Debbie
性別：女
年齡：27
職業別：商

── 購‧買‧原‧因 ──

　　覺得這裡的服務好，款式很多樣化，老闆的建議也十分中肯，而且真的比外面專櫃的價格便宜很多，我也常介紹朋友來買。

售貨要訣 ▌▌▌▌

　　這裡賣的不只是眼鏡，還有流行資訊與眼鏡的相關知識，舉凡你想要的眼鏡，在這沒有買不到的，可見得老闆的神通廣大。而且老闆專業的服務，讓你有任何問題都可以請教老闆。

　　經營是長久的，因此老闆認為服務也非常重要，況且為了要做出與一般眼鏡公司的區隔性，所以推出全方位的服務，保固與維修一應俱全，包括原廠的零件都可以維修，目的就是要做到一般眼鏡公司無法做到的完善服務。

客層調查 ▌▌▌▌

　　這裡的客人年齡層很廣，主要的客人以國外回來的消費者、年輕人居多，因此在這裡請的員工就必須要有一定程度的語言能力，才能夠與客人進行溝通，像現在請的這位員工就是剛從國外回來的ABC，不但國語好，英文更是嚇嚇叫。除此之外，也有很多的藝人會來這裡購買眼鏡，認為這裡的眼鏡時髦前衛又不失時尚感，且藝人最怕與人撞衫、撞眼鏡……，在這有數量很少的名牌新品，可以率先引領流行，這也是對「HIGH人不淺」的一種肯定與支持。甚至有些眼鏡專櫃小姐會來這買眼鏡，因為這裡的眼鏡真的比員購都還要來的便宜。而且多為熟客與回流的客人，可見「HIGH人不淺」的服務品質與商品都十分受到推崇。

未來計劃 ▉▉▉▉

　　對於未來的計劃，由
於現在就有多家分店在營
運，因此目前不會急著考
慮繼續展店，而之前由於
某家分店經營不善，賠了
不少的錢，所以現在開店
與選地點都會更加的謹慎
行事，三思而後行。對於
會不會以加盟方式發展，
有許多人已經像老闆提過
這樣的想法，可是老闆仍
然認為加盟不太適合他的
作風，所以暫不考慮這方
面的事。

很有時代特色的復古眼鏡，讓你的輪廓纖細
秀氣！

休閒而極簡的設計輪廓，風情表現成
熟的一面，水哦！

成功創業一覽表

創業年資：4年餘

創業資金：約80萬

坪數：約一坪半大的牆面

租金：一個月9萬

人手數目：2人

平均每日來客數：約10至15人
成交

每日營業額：2萬

平均每月進貨成本：25萬左右

平均每月營業額：60萬

平均每月淨利：20萬

如何踏出成功的第一步

　　經歷一路的風風雨雨，老闆語重心長的對想要開店的人提出以下的建議。他認為要打入精品眼鏡市場並不容易，因為像是Prada這類有品牌的物品，就容易跟一些眼鏡公司的商品產生衝突，就連批貨也會有此現象，若非有些管道門路，千萬不要貿然投入。再加上經營這樣的店，通常會遭到大型眼鏡連鎖店，或是一些經銷商的抵制，放話說是仿冒品，或是有種種小動作，所以經營精品眼鏡店，常常會遇到許多不在預期內問題。

　　現在經濟不景氣，許多人因為被裁員或是找不到工作，就會萌生擺路邊攤或是自行創業當老闆的心態，以為如此就不需要看別人臉色，或是隨時有要捲鋪蓋走路的危險。然而，一個沒有任何相關經驗的人要經營一家店舖，並不是這麼容易的事，相對的也要負擔極大的風險，所以仍需三思而後行，一開始也不要投入過多的資金，以免覆水難收。

　　所謂「工欲善其事，必先利其器。」，建議想要開店的朋友們，最好事先對相關行業有些初步的了解，例如若想賣眼鏡，就先到眼鏡店累積一些工作經驗，如此一來，開店也會比較容易成功。還有一點，勤勞也是非常重要的，所謂勤能補拙，因此所有準備開店的新鮮人們可要努力一些。

銀匠

平實花俏款式眾多
平價高級價位合理
中性色彩濃郁
女性味道濃烈

銀匠

DATA

地址：台北市臨江街69號
電話：（02）2702-9304
營業時間：16：00~凌晨01：00
每日營業額：1萬
創業金額：40萬

貨架上各種款式及各種價位商品一應俱全。

Tiffany，是華麗銀飾中的高傲品牌，親近它的人不多，仿傚它的人卻不少。說實話，因為它的出眾與獨一無二，才使人不得不爭相與其為伍。為了造福一般凡夫俗子，台灣廠商吸取其設計精華，紛紛製造相似的飾品，以便宜的成本低價販售。

或許就某些人觀點，說穿了其中差異就只在於品牌logo，也許材質真有優劣，但so what？戴得高興就好！只是話說回來，許多路邊專營銀飾的專櫃，除了有幾近成真的模仿品之外，也有為數不少值得讚許的精緻款式，這些高純度、高設計感的飾物，比起名牌飾品一點也不遜色，但卻比精品店專櫃的售價來得實惠許多。對於不特別崇尚品牌的新世代，一樣可以運用得宜，和服飾做最緊密的搭配結合。畢竟買得起名牌的消費群是小眾，大部分的人只能花適量的金錢求奢侈的享受。

✿✿✿✿ 心路歷程

身材高大的年輕老闆，和親密愛人每天朝夕相處卻難得碰面，除非是利用生意空檔，兩人才能像牛郎織女般相見。這麼說似乎有點誇大其辭，其實他們倆在同一條街上開了兩家店，皆為銷售銀飾，但路線風格卻有所區別。女友走女性精緻格調，男店主則偏中性、重金屬路線。二家店同名，卻各以中英文表現。這兩家店在通化夜市都差不多戰鬥了一年餘。

「兩間銀匠有不同的風格。女性朋友可以到專賣精緻銀飾品的女銀匠選購，男性或偏愛中性調性的朋友則歡迎來我這裡，各種款式各種價位，一定讓你滿載而歸不虛此行。」
老闆·阿華

銀匠

談起從前，老闆輕描淡寫地說當兵之前並沒有工作過，服完兵役之後，驚覺過去的年少荒唐，立誓決定自己出來闖蕩。由於礙於少不經事，沒有習得一技之長在身，只好成天過著和警察玩躲貓貓的遊戲。雖然擺皮箱的收入還算豐厚，但每天繳給政府的違款也成果豐碩。日子一久，心中漸漸萌起不安全感，況且對女友而言也沒保障，於是決心開店做生意，如此也較為自由沒有束縛。只是在資本額有限的情況下，只好退而求其次尋找牆面攤位。

在看中通化夜市的人潮凝聚力後，便放膽投入這個市場，如今經營也已有年餘。老闆慶幸當初對店的定位明確，因此才能在短短的臨江街上開了兩家店面，並各自擁有不同客群。人家說年輕就是本錢，真是一點也沒錯。問及其中甘苦，老闆微笑表示，自己沒有家累又對這個行業感興趣，因而將之當成自己的事業經營，做起事來就會特別有幹勁。如果真要說壓力，那就是存貨的問題。老闆半開玩笑地說：「因為有存貨，所以才得一直做下去啊！」

經營狀況

命 名 ■■■■■

　　「銀」飾品「匠」心獨具，這是老闆為其店名所下的註腳，但其真正的靈感發想，則是來自日本。因為老闆經常和同為做銀飾生意的朋友到日本批貨，而專門供人批貨的那條街也命名為「銀匠街」，聽起來頗特別，因而取其同名。只是為了更突出商品的獨特性及國際視野，因此將銀匠翻成英文「ARGET TERUR」。至於正確與否，看倌們就別太過考究，就當它是抽象的意涵。老闆都覺得妥當，那我們還計較什麼呢？

地 點 ■■■■■

　　聰明的老闆其實狡兔有四窟，除了在通化夜市擁有兩家分店外，中和、士林還各有一窟，而且都是由親戚朋友經營，老闆當然也是股東之一，目前以通化臨江為主要陣營。

　　當初會選擇通化街為基地之一，無非是因為此處為首屈一指的東區夜市，儘管街道不長，但因屬較高級地段、附近居民消費能力較好，因此發展頗為迅速。雖然是夜市型態，販售的商品等級較為次等，卻因現今景氣不佳，反而讓人潮湧現，這是因為每個人的預算相對減少，所以逛逛夜市買買稍低價的商品就很滿足了。

臨江街通化夜市消費能力有逐年攀升之勢。

硬體設備 ■■■■

　　即使同為販賣銀製飾物的店家，有的陳列檯面顯得粗糙，有的則特別考究，「銀匠」老闆是屬於後者。在通化夜市的兩家店，都是以黑白兩色相輔相成，女性風味用純潔的白櫃，中性搖滾路線則選擇深沉的黑櫃，前者明亮，後者沉穩，各有特色。其構想參考日本商店，因為在日本批貨時看

　　通常店門口的租金計算方式，是和承租店面的二房東洽談。其方法是，二房東店家先和大房東以「租斷」方式付房租，另外還可對承租店門口的老闆進行「抽成」。也就是說，承租店門口的老闆是依據自己每個月的營業額多寡，再按其比例付房租；如果生意穩定，每月付的房租其實和通化夜市的租賃行情沒太大的分別，約四至五萬左右。只是這樣的配合方式似乎對二房東較有利，因為老闆賺得多，相對他們抽成的租金也高，這招高明啊！

銀匠

到不錯的櫥櫃設計，就用拍立得照下，回台灣找人依樣畫葫蘆訂製而成。說是抄襲也好、說是模仿也罷，老闆笑答：「自己沒頭腦設計嘛！」

進貨地點 ▪▪▪

如果只在台灣進貨，可能因為種類不多相對收入也會減少，因此老闆選擇百分之六十的商品在日本批貨，原因無它，主要是為迎合台灣年輕人哈日風。不過老實說，日本的產品品質精良，手工精緻，連百貨公司的商品也多為日本製造，因此自日本引進的款式的確較受歡迎，只是價位相形之下也來得高。但客人為求獨樹一幟，通常寧可多花點錢，所以店裡才有那麼高比例的貨來自日本；其餘的，就屬韓國、泰國血統的貨品居多。

有經驗的老闆分析，韓國是copy的大本營，許多名牌仿冒品皆出於此。泰國則是講求速度快且數量大，物美價廉。至於大家熟知的台北火車站後站這個批發大本營，老闆現在就比較少到那兒批貨。老闆驚爆內幕指出，很多人出國帶貨再轉賣一手，所以消費者可要當心被賺取高額的差價。

兩手空空戴上它，保證份量十足。

選貨標準 ■ ■ ■ ■

　　從事這個行業，靈敏的嗅覺不可少，隨時觀察流行市場，吸取新知，最重要的是眼光要快、狠、準，挑貨得憑著一股直覺，若是下對賭注，就會幸運地受到顧客的青睞。不過，最保險的作法，還是得隨時留意客人的需求，盡量面面俱到，從平庸到精緻的商品一應俱全。再者，每位客人的美感不同，在挑貨上就必須兼顧不同層面，各式各樣的造型都要盡量補齊。還有一點很重要，尺寸大小也得齊全，以避免顧客買不到喜歡的款式的合適尺寸。

批貨技巧 ■ ■ ■ ■

　　這年頭做生意，量多就好說話。「銀匠」有四間分店，一次出國帶貨得批四家店的貨，任何一家批發商莫不視其為金主。通常一家攤販進貨，一次下訂單就花上一、二十萬，算是很可觀；而「銀匠」一次就訂購高達五十萬的貨款，更可說是大手筆的金主。據老闆透露，如果和批發商熟識的話，很容易就有折扣可拿，甚至有時候不需要特別花錢搭飛機遠赴他國批貨，廠商都會自動將廠裡的最新貨品型錄傳真來台，只要直接以電話方式下單，再由老闆匯款過去，即算交易完成。不過老闆特別強調，如此的作業方式只是偶爾為之，除非是與廠商「熟到不能再熟」才會如此，畢竟對方也會擔心自己的產品款式造型會被盜用拷貝。

銀匠

成本控制 ■ ■ ■ ■

　　做生意難免會有風險，特別是存貨問題更令人困擾，只有成本控制得宜才會有利潤。每次進新貨後總會有舊貨的庫存，為降低成本浪費，老闆選擇與其堆著放倉庫，不如廉價販售、賤價賣出，即使虧本也在所不惜，先轉換成現金回來再補新貨，這也是一種做生意的週轉手段。

　　其實，聰明人會發現架上的飾品都沒標定價，因為老闆認為這很難「標價」，最多就是將商品依進價分類規劃好區域，再憑自己的感覺評斷售價。當然，也會預留議價空間給客人，做生意嘛！總要點人情味。

貨品特色 ■ ■ ■ ■

　　兩間「銀匠」，不同感覺，不一樣的味道。女友掌管的「銀匠」多了點女人味，造型較為精緻細膩：老闆負責的「銀匠」，就多了男人味及中性色彩，款式多偏重金屬搖滾味道。上百種的貨色，尺寸齊備，無須擔心看中的樣式沒有適合的SIZE。

　　說到仿名牌，老闆說一定要有貨。常常會有客人來問是否有賣Tiffany，如果答案是NO，客人下次就不會上門。這是很現實的，因為如果其它攤販有貨，而自己店裡沒有，生意自然就做不成。因為就整體的市場供需理論而言，有需求就得供給。

售貨要訣 ■■■■

　　生意人要懂得察言觀色。每個上門的客人STYLE都不同，什麼樣的人要配戴什麼款式的項鍊，都得靠老闆們自行觀察，再憑著三寸不爛之舌，讓客人心甘情願掏腰包。因此，多累積平日的銷售經驗也很重要。除此之外，還需採低價策略促銷商品，因為首飾配件畢竟不是日常必須品，只有盡量壓低成本，以價格吸引客人，並維持中等以上的品質，才有利潤可圖。

一眼望去，千百種銀亮飾品盡收眼底。

姓名：小元
性別：女
年齡：24
職業別：學生

── 購-買-原-因 ──

　　有一次路過這裡，發現款式很多且各種價位都有，買過一次後，覺得老闆人很nice，就常來光顧囉！

銀匠

客層調查 ■■■■

　　明星的號召力比任何人都來得大，攤位櫃上有演藝人員的親筆簽名真跡，對業績多少有點助益，可見得也有不少藝人指名光顧呢！男老闆的「銀匠」客人以學生為大宗，年齡約莫在十五至三十歲上下；如果以客層區分，大致可分為「純銀」客人及「鍍白K」客人，多數偏愛鍍白K的客人不見得是因為價格問題，而往往是因為銀飾的保養讓人大傷腦筋，索性不買純銀，因為鍍白K的飾品造型一樣出色，戴得也開心。

未來計劃 ■■■■

　　談未來，深不見底，遙不可及，老闆說這四家店並不是那麼容易經營，況且時機歹歹，要擴充門面談何容易，倒不如先顧守本業用心經營這四間店。等景氣回春，生意穩固後再進一步思考未來也不遲。不過話雖如此，老闆還是勾勒過未來藍圖，他說：「就看老天爺安排，如果有機會改做批發生意，就不用每天站著這麼辛苦啦！」

成功創業一覽表

創業年資：1年餘

創業資金：40萬

坪數：約3坪

租金：不一定，視賺錢程度，平均約4至5萬

人手數目：1人

平均每日來客數：30至50人

平均每月進貨成本：10萬

平均每月營業額：30萬

平均每月淨利：15萬

如何踏出成功的第一步

　　不滅的熱情是創業持久的原動力，如果只是滿腦子想著「賺錢、賺錢」，卻不知做生意應具備的基本態度，可能沒多久就得關門收山了。千萬別三分鐘熱度，興緻來了就開店當老闆，卻沒認清創業的本質否則賠了夫人又折兵，多划不來。

　　老闆還建議，要對生命具有熱情、對客人熱情相待，當對方感受到老闆的熱力與親和力，自然會更想上門。維持高度的熱情，也必須從一而終，如果只是一時的虛情假意，經不起考驗容易被識破，那麼不但賠了信用，生意更別做了。另外，還需具備對產品的基礎專業知識，如此會讓顧客更相信你，更可能因此讓顧客向其他人大力推薦其商品。

銀匠

粗獷的中性銀戒，男女皆宜。

路邊攤飾品配件批發商

其實批貨不一定要到國外，一些最Fashion、最In、最Hot 的商品，在台灣也可以批得到，而且價格公道。想知道這些秘密寶藏地嗎？現在就帶你一起去看看！

- ▶ 晶晶飾品百貨公司
- ▶ 東美飾品材料行
- ▶ 妮可貿易有限公司
- ▶ 吻鑽珠寶飾品
- ▶ 揚茂實業
- ▶ 銀娃飾品
- ▶ 羿凡精品批發
- ▶ 豪士飾品批發行
- ▶ 薇薇飾品皮件服飾批發

晶晶飾品百貨公司

進貨地點

「晶晶飾品百貨公司」的飾品以進口為主，包含韓國、大陸、香港、泰國等地的產品，目的在於國外的飾品不論是成本或是精緻度，都遙遙領先台灣自行生產的產品。老闆會親自去國外挑貨，因為並不是每樣產品都適合台灣的風俗民情，有些太過於誇張的可能就不適合進口。每週都有新貨進口，也算是「晶晶」多年來不變的優勢之一。

──── DATA ────

地址：台北市重慶北路1段10號之2
電話：02-2556-5963
負責人：陳瓊如店長

商品種類

「晶晶飾品百貨公司」，是一間家喻戶曉的批發店，而且也是台北後站這個區域中最大的一間批發店。商品種類眾多，應有盡有，大致上分為兩大類型：一是珠寶類，另一是流行類，兩者的價格也是有蠻大的區隔。珠寶類的水鑽通常價格都比較高，適合年齡層也較高。而流行類則是一些時下流行彩色的商品，價位相對較為便宜，可以主打一些年輕族群。

「晶晶」擁有醒目的招牌，乾淨明亮的外觀。

商品特色

這裡的飾品包括有耳環、項鍊、胸針、髮夾、戒指、頭花、手錶等。一棟五層樓的門市展示,多如繁星的飾品配件,真是讓人眼花撩亂的,也難怪以「飾品百貨公司」命名。據陳瓊如店長表示:「我們的特色就是,商品種類齊全,而且款式新穎。」並且獨立一個區域是專門放置新貨的,因此十分便利批發業者。

蜻蜓別針,極為出色、有型。

珍珠項鍊不但是時下最流行的配件,更讓你在隨性的打扮中,顯現出些許高貴的氣質。

每星期進貨一次,如此頻繁的進貨次數,可見其商品週轉率的快速,也確保產品的推陳出新,獲得批發業者一致的好評。

人氣商品

這裡的人氣商品,實在是非常之多。國外直接進口的飾品款式較為特別,因此只要一進貨,通常都很快就銷售一空。除此之外,就是季節性商品,如圍巾、帽子與手套在冬季就十分暢銷。所以,建議批發業者還是要挑選

金色胸花真是十分的特別,與純黑的服飾搭配,有一種對比色的強烈視覺感,讓人不得不注意你身上的這件創意單品。

適合自己店内特色風格的產品最為重要，千萬不要一味的盲目跟隨。

批貨規則

第一次批貨，飾品需批超過六千元才可算批發價，而批發價則是以售價的四點五折計算，且一律以現金結帳。若一次批發單品數量以「打」計算，可再有個優惠折扣。除此之外，還有百貨類（如筆記本、玩偶等）的批發，則要批

各色胸花可以夾在許多不同的位置，都非常好看。

價超過一萬元才可算批發價。

批貨建議

通常服務人員會協助批發者挑選貨品，對於第一次批發都會事先詢問要經營什麼型態的店家、地點、種類等等，做進一步了解之後，服務人員會針對以上問題加以分析，推薦適合的飾品類型、價格，並且會適時的教導批發者飾品的用途與搭配。

整齊劃一的商品陳列，方便批發者找貨。

可愛的小狗胸針別在身上，一定吸引眾人的目光，美眉們，不要錯過哦！

在台灣，這種設計風味十足的腰鍊相當受歡迎。

東美飾品材料行

秩序井然的東美飾品材料行，是附近最具規模的供應商。

―――― DATA ――――

地址：台北市長安西路235、237號

電話：（02）2558-8437

負責人：謝碧珍

進貨地點

長安西路一帶，早期、現在皆為材料、五金的聚集地，雖然和現代化的台北車站、地鐵相隔不到幾條街道的距離，樣貌卻大相逕庭。「東美飾品材料行」，門面新穎，在那一帶顯得有點格格不入，但販賣的商品種類之多，每天仍吸引許多自行經營小店面或小盤商客人的光顧上門批貨。由此看來「東美」之規模在附近的材料行商家相較之下，是我們口中所謂的大盤商，本身在南部設有廠房自行生產製造，才足以供應店內的所有需求。

商品種類

如果是第一次來「東美」的外行人，可能會被其貨品之齊全眾多弄得眼花瞭亂、

晶瑩剔透的小珠珠是許多配飾的必須品。

不知從何下手，仔細一瞧原來兩層樓的空間已將各式材料整齊地分類。專門經營傳統中國結材料、目前正流行的水晶、珠飾，以及製作耳環項鍊必備的五金配件，每一種類則有數十種樣式和材質可供選擇，包括有線類的金蔥線、仿皮線，珠類的五彩角珠、油珠染色，以及黑膽石、玉石、貓眼石等，琳瑯滿目，貨品一應俱全。

彩繪瓷器讓平凡無奇的材料更加突出。

商品特色

提到店裡貨品的過人之處在哪裡時，店長斬釘截鐵地說是他們的珠珠和金屬材質的五金配件，因為這些色彩繽紛的小珠子和看似不起眼的金屬製品，可是製作耳環和項鍊不可或缺的必需品，它們就像水之魚般地重要。因此店內的最大重點特色，就是在這些小零件，也是扮演著小螺絲釘的重要角色喔！

人氣商品

小小的飾品材料如果真要點名最具人氣的貨品，首推近一陣子市面上流行的水晶髮飾原物料——水晶，閃閃亮亮別在髮上特別動人，難怪成為材料行最熱門的商品，躍上人氣排行榜。

精細的材料，深受喜愛DIY客人的青睞。

批貨規則

做生意每一個行業都有遊戲規則，每家店批貨也有規則。在「東美的公定價目表，都會註明批貨價格，收銀電腦化作業使得價格明朗。客人自行選購貨品至櫃台結帳，如果量多可以另行議價，但必須是同種類的貨品才有議價空間。

批貨建議

店長建議如果想自行創業，到材料行批貨之前最好是有DIY經驗，能自己製作成品的人，如此一來到店內批貨詢問才不至於一頭霧水。店內的售貨人員可以給你貼心的建議，告訴你什麼樣的材料才適合製作什麼樣的飾品。

中國結是最具代表性的吉祥飾品。

一綑又一綑的金蔥線是製作中國結不可或缺的材料。

妮可貿易有限公司

寬敞的空間設計是為了方便客人自在選貨。

─── DATA ───

地址：台北市重慶北路一段27巷15
號（二店）
電話：（02）2559-4460
負責人：小鐘

幸運草心型墜飾，戴
上它會福來運來喔！

師來此採購行
頭。所有貨品皆
來自鄰近的韓國，
店裡會參考流行雜
誌到韓國採買新貨，有時候也會
帶雜誌過去當樣本生產。

進貨地點

店名非常女性，做的也多為
女人生意，引進銀飾和珠寶，並
以批發和零售形態生存。大安路
本店已有十年貿易經
驗，重慶二店在藝人咻比都
嘩其一的小鐘號召下成立，門
口還放置一個醒目的小鐘肖像
燈箱廣告，引來不少好奇且對
銀飾有興趣的客人。客層分布以
十五至二十五歲間的年輕人居
多，也因為負責人是藝人原
因常有演藝圈朋友及造型

商品種類

二店和本店的經營路線有點
區隔，批售的商品種類也不盡然
相同。大安本店走高單價路線，
商品偏重精緻的鑽石和珠寶，營
業時間也較長，符合當地的消費
習慣。重慶二店店面就顯得稍小
了一些，專賣深受年輕朋友歡迎
的銀製飾品，該店的重點營業時
間是下午到傍晚這段時間，因為
客人總是這時候來尋貨批貨。論

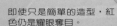

即使只是簡單的造型，紅
色仍是耀眼奪目。

商品種類，銀飾有項鍊、戒指、耳環、手鍊四種，每一種有二十種款式可供挑選。

軍中迷彩持續延燒，也成了青少年專屬配件。

商品特色

以少女流行商品出發，除了款式「飛迅」造型新穎外，全店採低價策略吸引客人，用少少的資金買足做生意的貨源，是「妮可」的作風。問及店裡的利潤，老闆說他們是薄利多銷，讓客人歡喜生意做得才高興，這樣就是雙贏。

人氣商品

客人常帶的貨，可以說是「妮可」的人氣商品。客人會帶什麼樣的貨，也正好反應流行市場的需求，就他們觀察，珍珠項鍊似乎拔得頭籌，至於原因為何就得問十八歲的年輕少女了。

批貨規則

凡是來這裡買貨，一次購滿二千元即可以批發價格計算，若滿五千元以上，老闆會「沙米數」地打個折，重要的是只能用現金結

當今時髦的珍珠飾物，參加宴會時必定吸引眾人目光。

帳。大多數的行家客人看到標籤上的數字就一目了然，除非是新手就得問問店內的售貨小姐。

批貨建議

雖然皮箱創業不會太難，但老闆誠心建議入門者，先找好地點再進行採貨動作，依擺攤地點補的貨才能對症下藥賺到錢。舉例來說，東區消費能力較高，可帶一些較具造型感濃厚的飾品，或是現在正熱門的蒂芬妮仿手鍊。另外也可多比較其他家的批發商，此話一出代表「妮可」不怕被比較。

星型心狀珠鍊別有一番風味。

吻鑽珠寶飾品

吻鑽太原店專營飾品，貨品精緻價格實在。

── DATA ──
地址：台北市太原路22巷10號
（太原店）
電話：（02）2556-3262
負責人：呂忠文

進貨地點

同一個老闆開了兩家店，一家位於太原路巷子裡，另一家則與該店為鄰，不過此店店址卻標示是重慶北路，不知情的顧客可能平白多兜一圈。店名「吻鑽」

寬版軟性水鑽戒指，戴在手上閃閃動人。

是一語雙關意思，其一是親吻鑽石，再者音同「穩賺」，極富趣味。這家位在巷弄交叉的十字路口的「吻鑽」，店面小，物美價廉。貨品一部分來自於自家工廠設計製造，另一部分則是向義大利等歐盟國家訂購進口。

商品種類

商品種類齊全，款式上有分歐洲系列的華麗性以及飾品的創意性。在材質上，大致區分為店內櫥窗展示、架上的銀白K金以及店門口擺放的K合金飾品，價位上自然也會有所不同。特別的是，客人也可以自行選購飾品零件組合搭配，如買個小墜子再搭條銀項鍊，充分靈活運用創意的天份。

阿嬤時代髮簪又再度引領流行。

商品特色

說到「吻鑽」的獨特性,老闆笑笑地自誇,店裡面的小姐都把客人當成朋友對待,親切的服務態度和設身處地的立場,讓客人十分滿意。因此,若將「店員」當成「商品」的一部份,那也可算是該店的一大特色。提到該店的貨品,老闆信心滿滿,保證絕對是站在流行的最前線,加上批貨的嗅覺靈敏度堪稱一絕,這樣才有本錢和其他商家商品較量。

人氣商品

不得不承認台灣的流行步伐是跟著日本的腳步,所以在日本當紅的大串珍珠項鍊,也在台灣少女市場發燒,以前看來會覺得庸俗老氣的珍珠項鍊重回流行市場,看來也要拜日本的復古流行之風。

批貨規則

通常其他店家批發規則多為每次購買六千元以上才可算批發價,而「吻鑽」和別家批發商最大不同,是只要取十件以上,就有批發價的優待,在標籤上訂有兩種價格,一為零售價,一即是批發價,價位落差很大,所以拿

大串的珍珠項鍊近來重回時尚舞台。

十件以上才划的來。該店老闆的慣例交易原則是以現金買斷成交,不能換貨,也不准賒帳。

批貨建議

打算擺攤的客人來這批貨,店員會禮貌性地詢問預計在哪兒做生意?想賣那種商品?因為區域性不同,客層年齡也不相同,小姐會站在「建議」的立場給點意見。以西門町為例,會建議帶點受青少年青睞的重金屬味濃郁的飾物。但若是忠孝東路鬧區,則希望客人選擇單價高和較高質感的貨品。

長梯造型項鍊,中性女人適用。

揚茂實業

揚茂的一樓空間，裡面是辦公室，外面則為展示
櫥窗。

DATA

地址：台北市新生北路三段84巷
43號
電話：（02）2591-3529
負責人：蔡君謔

商品種類

翻閱公司的產品
型錄，所有自行生
產的產品種類難以
計數，由於本身就
生產以珠類為主的
原物料，說得出來的
珠子他們都有，包括玻璃珠、塑
膠珠和壓克力珠，或是品質較佳

骰子鑰匙
圈特別受
到外國客
人 的 青
睞。

進貨地點

沒有店面，只是一家單純的
貿易商，做了二十多年的出口生
意。十年前是首批進攻大陸市場
的台商之一，在廣東省設立廠
房，節省人力和物力的開銷，專
心經營低成本且以薄利多銷的珠
類為原材料的飾品生意。在大陸
生產直接出口世界各地，而
不回銷台灣。如果是半成
品和原物料類，客源主要銷
售中東國家為主，不過，若
以成品來講的話，則
是多銷歐美路線，台
灣的客源較少，除非
是非常大的數量才會
承接，否則回銷台灣
實在划不來。

忠狗永遠是小朋友心目中的乖巧寵
物。

的波麗珠，貨物樣色俱全。另有半成品以及純手工訂做的流行類飾物的飾品，如有手機吊飾、鑰匙圈、髮飾、手環、頸飾和相框等，只要你說的出來的東西，這裡就做得出來。

商品特色

因為是在低廉的地區製造，成本也相對減少，所以如果你訂的數量夠多，價碼就會低的許多。老闆說他們做的是薄利多銷的生意，唯有靠「以量制價」方式才賺得到錢，但牌子老的「揚茂」多年來屹立不搖，商品應有過人之處。

人氣商品

從老闆口中，才知道不僅台灣喜歡骰子，「外國人」也特別偏愛。他說最近骰子鑰匙圈特別受歡迎，許多外國客人下的訂單也特別多，還有其他卡通人物造型的鑰匙圈也受到好評，可見這裡生產的鑰匙環可正熱門。

批貨規則

初聽到「揚茂」下訂單的門檻，還真有點被嚇一跳，但如果知道該公司生產的東西，可能就不足以為奇。台幣十萬元的訂單

大陸人工廉價，卻也生產出如此細微且繁複的做工。

為最低門檻，下訂單要先付三成訂金，交貨一星期內收現金尾款，就是這樣的遊戲規則，所以比較少做台灣攤販的生意吧！

批貨建議

盡量直接找到工廠的門路，如此一來價格才能壓到最低，做生意的資本額降到最少，利潤才會相對提高。

近來骰子鑰匙圈很受到歡迎。

6

銀娃飾品

一眼望去，所有飾品都是匠心獨具的傑作。

DATA

地址：台北市重慶北路1段29號
B1之1
電話：（02）2549-0945
負責人：郭彭

進貨地點

「銀娃飾品」的進貨地點十分廣泛，並不侷限於哪個國家，也就是世界各國皆有，但全都是進口的商品。老闆會親自出國挑貨，只要看到價格合理、品質優異的飾品就會進口。根據多年來的經驗來說，瑪瑙和琥珀等寶石類飾品以波羅的海國家的品質最為優異，因此進貨地點也大多為這一帶地區。

十字架的琥珀造型獨特，更讓人對創意概念更加尊重。

商品種類

「銀娃」自二十年前便開始經營飾品的相關事業，自七〇年代就著手進行有關飾品的生產，然而因應不同的年代的流行，生產不同材質的飾品配件。一直到現今所經營的都是有關銀飾、瑪瑙、琥珀與各種寶石類的飾品。而所有的貨源皆來自國外，大多數的瑪瑙、琥珀則是源自波羅的海等國家，因為當地的品質與成色都是屈指可數的。銀飾等飾品的定位範圍則相當廣泛，老少皆宜，男女適用，在這都可以找到合適的飾品（包含戒指、項鍊、手鍊、墜子等）。

商品特色

由於流行元素的轉換，瑪瑙與琥珀也漸漸廣為年輕族群的愛戴，它優質的質感與色澤，晶瑩澄透，每一個花紋都各異其趣，因此也漸漸打入新一代的生活，不是只有年齡層較高的人喜愛，顧客族群也漸漸的年輕化。而銀飾的部分品質是經由老闆層層把關的，不論是成色、做工、拋光、亮度或是設計，都是上上之選。

人氣商品

因為這裡批發的飾品非常廣泛，適合各種年齡階層，符合男女需求，所以每一種價位或是款式都十分的暢銷，所以老闆說：「沒有特別人氣的商品，只有適合的商品。」

此款耳環展露出復古與流行兼具的另類風格。

批貨規則

第一次批貨價需超過三千元，至於之後的批發價，老闆會視情況打個折扣。價格是以暗標的方式處理，有固定的批價和售價結帳方式，皆採付現。老闆認

只要是符合創意與質感的設計，怎麼搭配都很好看。

為身為一個批發商就要認清自己的本位，因此老闆零售絕對不會給批發價，藉此也才不會壞了批發的行情價格。

批貨建議

老闆建議第一次批貨之前，必須先到販售地點用心加以觀察，看看當地的年齡層與消費習慣，再進行批貨。另外，老闆對首次做生意的人要謹記「和氣生財」四個字。生意是永續經營，親切待人、誠懇對待可以維繫與顧客良好互動關係，千萬不要強迫推銷，這樣反會讓人有不好的印象。正因老闆本身也是依循這樣的理念經營，因此都和顧客漸漸成為好朋友的關係，這樣的因緣際會也讓人十分開心。

琥珀戒指十分搶眼耐看，也是最HOT的飾品搭配。

羿凡精品批發

富麗堂皇的感覺,更襯托出琉璃的晶瑩璀璨,感覺美不勝收。

DATA

地址:台北市重慶北路一段16號
電話:(02)2555-5205
負責人:陳琇霞

進貨地點

據老闆表示,店內批發的商品約有一半是從歐洲進口的,另一半則是台灣的工廠自行生產。因為歐洲地區的流行都走在時尚尖端,藉由進口的方式,也讓國內的顧客同步接觸到國外的最新流行。「羿凡」有近二十年的工廠生產經驗,對於產品的生產製造已有純熟的技術,所以製造出來的飾品也能讓人眼睛為之一亮,另一方面,「羿凡」的產品多是向國外進口原料,然後在國內加工製造,品質自然有保證。

商品種類

自行成立門市將近十年的歷史。商品種類包含有歐洲進口的琉璃、水晶、水鑽等飾品,自行生產則可分為一般電鍍與K金處理的飾品系列,如戒指、項鍊、手鍊、髮飾、耳環、胸針、鞋扣和套鍊等多元化產品。整體走向以高級路線為主,單價與消費年齡層相對較高。「羿凡」甚至可以訂做生產,創造出獨一無二的商品。

水鑽套鍊相當出色動人。

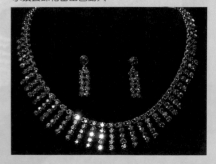

商品特色

走進店內即可感受到與一般飾品批發的不同，散發一種高貴獨特的氣息，也許是飾品取材的種類較為珍貴，因此會呈現一種典雅大方的風格。以奧地利水晶與歐洲琉璃的飾品而言，閃閃動人的色澤，抓住了消費者的心；而自行生產的飾品則是款式新穎有特色，且充分掌握每一項產品的品質。「羿凡精品批發」還有一項貼心的服務，就是只要是在店內購買或批發的飾品，都可依個人需求加以改造，且不用另外收取費用。

水鑽項鍊適合參加各種宴會PARTY時的搭配。

離不了水鑽系列，只要跟水鑽有關的戒指、髮飾或是項鍊，都是十分熱門。還有就是自行生產的髮髻，因為造型獨特，順手好用，所以也是供不應求。

批貨規則

第一次批貨，定價需達六千元以上方可以批價計算。歐洲地區商品的批價是以定價的四點五折計算批價，而其他自行生產的商品則是以另外的折扣數計價，有興趣者可自行詢問老闆。結帳方式皆收取現金。若訂做商品數量較多，還可以另外議價。

人氣商品

現今水鑽的飾品逐漸獲得消費者的喜愛，大街小巷不難發現有許多在賣水鑽飾品的商家，因此「羿凡精品」的人氣商品也脫

楓葉胸針配於深色的衣服大方又性感。

批貨建議

要端看批貨者的銷售地點而選擇批貨的產品，還需注意銷售點坪數的大小，這些都需列入考慮的。老闆建議剛開店的業者，一次批貨不必多，反倒是要勤快一點，常跑批發，這樣才可以取得最新的商品，相對的現金週轉率也較高。

非常特殊髮飾受到女生的愛戴，色彩鮮豔，十分搶眼。

豪士飾品批發行

以電鍍產品建構出炫麗奪目的另類空間。

DATA

地址：臺北市鄭州路29巷1-2號
電話：（02）2559-8353
負責人：莊素梅

來回回的等候時間。由此看來，直接批台灣生產的貨源好處也蠻多的。

進貨地點

「豪士飾品批發」的進貨地點都集中於台灣，由於有工廠直接生產，因此也可說是工廠的銷售門市。正因自行生產之故，所以批貨的價格會比其他批發商來得便宜，加上在台灣生產也省去了一些進口關稅等問題，況且批貨後有任何問題都可以直接找廠商解決，不會有距離遙遠或是來

電鍍的花形胸針美麗綻放格外亮眼。

商品種類

原本是經營飾品的外銷，主要國家包含歐洲、美國、日本等地，但在911事件後，外銷訂單瞬間遞減，而且有些國家也轉向朝往中國大陸下訂單，因此驚覺到生產銷售的問題，爾後便在台北後車站開了這一家「豪士飾品批發」，當做門市來進行展售與批發。主要是以電鍍的商品為主，包括有黃金、24K、18K、16K、白K等不同色系的產品，還有以黃金與白K兩者混合的產品，這也是飾品界中另一股流行風潮。產品定位走向是以年輕族群為導向，流行時尚價格卻十分便宜。

可愛造型的圓形墜鍊，相信會為服飾增添不少風采。

商品特色

　　據店家表示，有些飾品批發是取大陸等地的貨源，直接進口批發，不但品質較沒保障，產品的持久性也相對降低。而「豪士飾品批發」則是堅持一律自行電鍍生產或是加工，以確保所有產品的品質與手工。

人氣商品

　　「豪士」自行設計的產品與飾品研發的功力，也是店家相當自豪的一部份，因為如此一來就可以做出產品的差異性，「豪士飾品批發」推出一系列海洋生物的飾品系列，不但成為人氣商品，也接受特別訂製，批發業者可以自行設計或是參酌國外的款式，將款式請店家代為生產，只是因為是純手工打造的，所以會需要較久的製造時間，不過生產出獨一無二的款式，相信也會獲得消費者的愛戴。

電鍍的花形胸針美麗綻放格外亮眼。

批貨規則

　　第一次批貨需達批價一千元以上，方可以批價計算，一律以現金結帳。批價是以成本加總再乘上一定比率計算，通常批價乘

上二至三倍，即是批貨者可自行訂定售價，不過為了不打壞行情，一般人也會在這裡比價。凡發現有瑕疵的產品，只要架上有相同貨色，不必等待，馬上換一個新的，這是「豪士飾品批發」秉持的經營理念。

批貨建議

　　「豪士飾品批發」老闆莊素梅建議，批貨前最好預先找好銷售地點，然後先到附近逛逛觀察，是否有相同類型的經營店家，再進行批發挑貨，便可就產品作出區隔性。若附近真的有販售同質性的店家，最好了解一下對方的開價，再訂定售價會較為妥當。

星星項鍊呈現活力的風格，最適合明亮、耀眼美少女來搭配。

薇薇飾品皮件服飾批發

「薇薇」的第一家本店,小小的門面卻有近三十年歷史。

DATA

地址:台北市重慶北路15巷2-4號1-2樓

電話:(02)2555-7511轉36、37

負責人:古玲珠店長

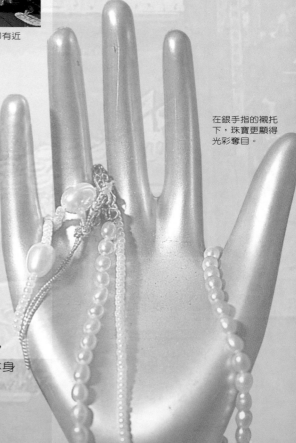

在銀手指的襯托下,珠寶更顯得光彩奪目。

進貨地點

老字號「薇薇」飾品百貨批發,以專營飾品起家,一直擴充至全系列百貨商品,二十多年的批發經驗,在後車站一帶已成為路邊攤生意人的貨源大宗,可說是無人不知無人不曉。一家本店、三家分店,外加台中地區成功路上的批發門市,規模不容小覷。能夠提供如此充沛的貨源,主要也是因為「薇薇」本身

即有工廠，可自行設計、開發和製作，除了能降低成本之外，也能緊守把關一貫堅持的品質。除此之外，公司也有採購人員到其它國家進口商品，提供客人多元化選擇。

商品種類

看見身為店內一家之主的店長也親自整理源源不絕的貨品，不難想像商品種類多得不勝枚舉。該店不算小的樓面，堆積放了滿滿的貨架，每個貨架上也掛滿了包裝完整的各式各樣飾品，兩個貨架之間狹窄得只容得下兩人，足以見得無法計算的貨品數目多得令人咋舌。販賣種類大致可區分為珠寶類如18K金、真鑽、玉石，裝飾品類如耳環、胸針等用電鍍品，還包括流行商品如腰鍊、圍巾等。

商品特色

最讓「薇薇」引以自豪、可以誇下海口的是東西齊全，來這裡批貨的客人保證絕對不會挑不到貨，因為幾乎每天都有新貨到的「薇薇」，款式齊全眾多，而且極富有變化性，有樣式簡單的

多種顏色的交互搭配，使珠寶多了幾分高貴氣質。

髮飾，也有華麗大方的頸鍊，當然也包括市面風行的水晶金飾髮簪，說不完的商品種類，只有親自到店挑選才會發現那麼多意外驚喜。

人氣商品

流行的東西就會聚集人氣，飾品可以說是流行商品，更能說

黑色神秘色彩，讓項鍊增添無數迷人風朵。

是現代女人的必需品,所以有一定的客層需求。以往人氣商品的指定可能有大月、小月之分(像六月就是結婚旺季),但現在來說就沒那麼顯著的分別,只要是流行飾品就是人氣商品,店長如此說道。

批貨規則

打不破的現金交易規矩,是批發商與客人的協定,也是這一行的行規。在「薇薇」每一次購買新台幣六千元以上就可算批發價。另外,該店還有訂定批發卡的辦卡門檻,凡買四千元就對折二千元。換句話說,只須付二千元的卡

多色珠寶手環,無形中為整體造型加分。

費,往後憑卡購貨都可算批發價。至於前者和後者的二者差異為何,店長不願多加透露,僅留下「有興趣的人可自行詢問」的伏筆。

批貨建議

景氣不佳想自力門戶的人,一只皮箱和幾千元的成本也能創業。不過,若是想賺更多也願意冒更大的風險的看倌們,貨色可得補充齊全,花個三萬元就綽綽有餘。

黑白色系的互襯搭配的飾品,適合於高級場合時穿戴。

附錄

銀飾風采創意隨我

DIY難易指數：★★
DIY省錢指數：★★★★
飾品搭配指數：★★★
流行指數：★★★

　　細細觀察，街上男男女女的手指上無不被「套牢」。或許是男女朋友間的情意信物，也可能只是追求時髦所重視的環節之一，但相信這其中絕對不乏對銀戒、銀鍊等飾物深深迷戀之「拜銀女」、「拜銀男」。

　　走在鬧區，三小步五大步隨處可見販賣飾品的小攤，總是圍觀人群不少，都在為她們手指尋覓適當的裝扮小物，可是儘管路邊攤索價不高，而有經驗的人一定會發現長期下來從腰包掏出去的金錢也為數可觀，偶爾會動起乾脆自己DIY的念頭，不過通常只是「想想」很少付諸行動，其實如果下定決心學學才藝，可是能替荷包省下不少冤枉錢呢！況且坊間不少「仿名牌」也是老闆自己動手完成的，試想自己也能創作說不定那天也能成為某知名飾品品牌創始人是不是很不錯呢！

　　入門總要有敲門磚，其實坊間有蠻多飾品DIY的手工藝教學課程，有興趣的人不妨扣門打聽。在此為你示範的銀鍊來自台灣藝術學園講師自行創作的作品，和一般外頭販賣成品不同在於材料的選擇，為方便學員製作節省時間且輕鬆易學，選用日本進口銀土，除了製作簡便外，成本也低上許多。初學者尚無需購買專業用工具，只需家中利用現有的工具，即可輕鬆學習完成一個自己創作獨特的銀飾品。此款造型較為簡單易學，搭配中性服飾出眾，男女皆適戴。

專家教你這樣做

材料、工具：
相田999純銀土、水彩筆、小水瓶、滾筒、1mm厚紙板、保鮮膜、蛋糕專用紙、瓦斯爐、銼刀、切割墊、小夾子、切割刀、濕紙巾、鐵網、吸管、塑膠盒、鋼刷、磨亮棒、沙紙600、沙紙1200。

取一小塊純銀黏土放置在兩張蛋糕用紙上，上方兩旁擺上小片厚紙板。

用滾輪狀的筒子來回滾平。

取用部分有花紋的蕾絲緞帶鋪在黏土，並用滾筒來回滾動數回。

取下黏土上的蕾絲布條，即有紋路產生。

以廢棄之捷運卡代替切割刀修飾黏土周圍弧形。

拿一小段吸管捲曲上方黏土製造穿繩孔。

同時為避免黏土乾硬可用細水彩筆沾水擦拭。

放進紙箱用吹風機吹乾定型約15分鐘。

使用銼刀將已乾硬的黏土修飾平整。

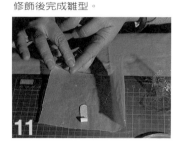

修飾後完成雛型。

接著取出以水稀釋過的黏土作些裝飾點綴。

13

再輕輕用濕紙巾擦拭。

14

放上家中有鋪上鐵網的瓦斯爐燒烤。

15

燒烤變色即可用砂紙輕輕磨擦使其光亮。

一個出色的作品就此完成。

16

專 家 介 紹

《台灣手藝學園》

負責人：劉碧霞
地址：台北市新生南路一段170巷4
　　　號之1B1
電話：（02）2243-5746、
　　　0937863407
講師：白寶月

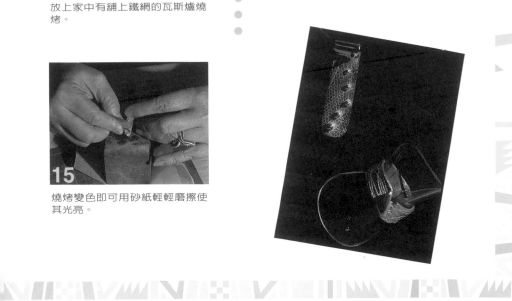

水晶魔力躍上頸際

DIY難易指數：★★★★
DIY省錢指數：★★★★
飾品搭配指數：★★★★
流行指數：★★★

經常壓馬路的人如果心思敏銳，一定不難發現前兩年在流行飾品市場悄悄竄起一股水晶旋風。除了路邊擺攤可以看見耀眼的水晶飾品外，各大百貨也紛紛跟進設櫃。看似不起眼的小珠珠，近年在飾品市場逐漸嶄露頭角散發亮麗光芒，甚至持續發燒不退，無外乎它為愛美的女人大作文章，增添了幾許動人魅力。

究竟是什麼樣的咒語，讓無數女性甘願為水晶飾品如此著迷？或許就是水晶本身即有不可預知的神奇法力！既有如此這般的魔法，必定得付上不少的代價，微小的珠珠水晶串成的飾品，的確還真不便宜，即使只是一小支髮夾或戒指，索價竟也要一兩百元以上！而大如項鍊或髮簪，就動輒要七、八百元新台幣了。有頭腦的愛美女性，應該自己想盡辦法省下荷包，卻也能同樣變化髮上裝飾，想到了嗎？自己動手試試！

其實，串珠的水晶並不昂貴，通常一包幾百元卻能做出好幾條成品，算一算是不是比較划得來？大部分的人或許會義正言辭地回答：「我不會！」。但天下無難事，動手學習雖然得花上一小段時間，但學成後即不需多花冤枉錢，就可盡情創作自己喜愛的飾品了。

專家教你這樣做

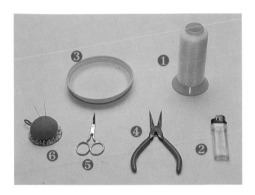

工具：

① 2號魚絲線
② 打火機
③ 裝珠小盤
④ 尖嘴鉗
⑤ 小剪刀
⑥ 專用針及針插

材料：

① 2mm黑珠
② 4mm黑水晶
③ 4mm灰水晶
④ 黑色鋼線絲
⑤ 單圈
⑥ 項鍊鎖頭
⑦ 擋珠
⑧ 線夾
⑨ 延長線

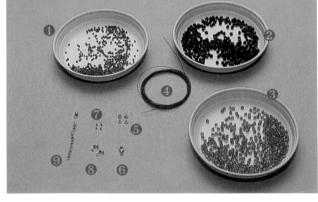

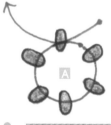

1. 剪魚絲線約50公分長，兩端各穿一支針，將線頭以打火機燒成球狀，以防針脫落，即可穿串。

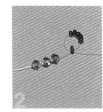

2. 先串2mm小黑珠6顆，交叉1珠成一圈。

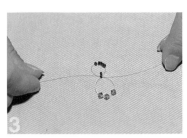

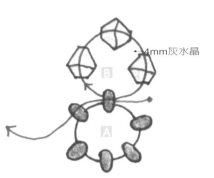

←4mm灰水晶

3. 單線再串4mm灰水晶3珠回串1小珠。

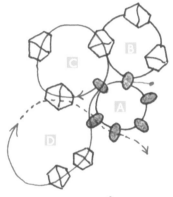

4. 按C、D順序步驟,線穿過旁邊1小珠,每次加2顆,共用1珠回串。

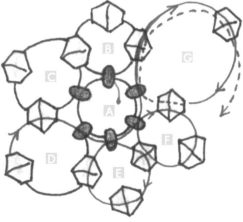

5. 按圖4之C、D順序步驟重覆串法,至最後步驟G只加串1珠,共用步驟B、F各1珠回串。

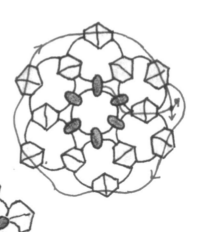

6. 單線外圈珠子串一圈拉緊，與另
一端打結。

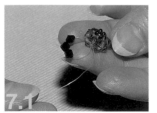

7-1.單線繼續如圖每隔一顆加
3珠回串一次，共串3葉
片。

7-2.右側手繪圖之對照圖片。

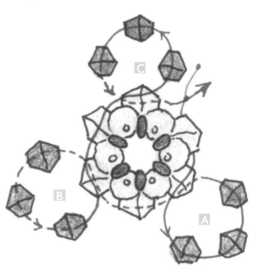

專 家 介 紹

《棋茵布藝工作坊》

負責人：楊棋茵
地址：台北市文山區下崙路11巷35
　　　號
電話：(02)86616672

11.兩邊串好花
　樣，各加1顆
　擋珠固定，
　擋珠要用尖
　嘴鉗夾扁。

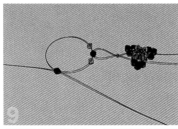

將串珠調至線中心，再兩端各自如圖
加水晶串製。

網絲線兩條各約38cm長，由串好花
飾背後穿入。如圖再分兩頭續串完
成。

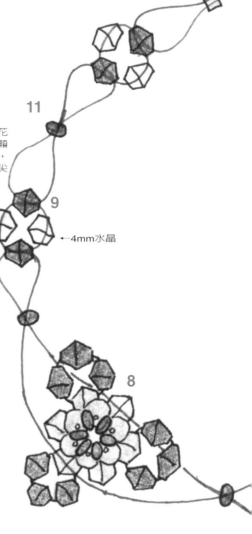

11

9

←4mm水晶

8

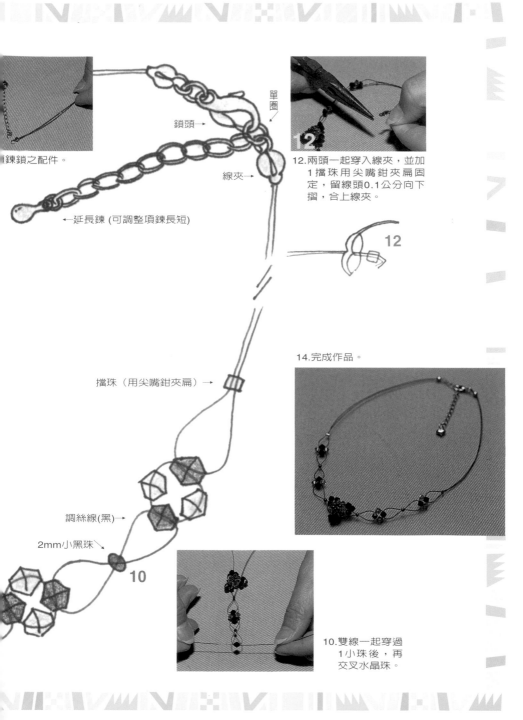

鎖頭→

單圈

項鍊鎖之配件。

線夾→

←延長鍊 (可調整項鍊長短)

12.兩頭一起穿入線夾，並加
1 擋珠用尖嘴鉗夾扁固
定，留線頭0.1公分向下
摺，合上線夾。

12

擋珠 （用尖嘴鉗夾扁）→

14.完成作品。

調絲線(黑)→

2mm小黑珠

10

10.雙線一起穿過
1小珠後，再
交叉水晶珠。

晶瑩閃耀的水晶手鍊

DIY難易指數：★★
DIY省錢指數：★★★★
飾品搭配指數：★★★
流行指數：★★

在鑽石、銀飾、寶石獨領飾品風騷多年後，水晶逐漸在流行飾品界嶄露頭角，扮演起重要的角色，成為人們首飾盒和精品櫃裡的新寵。

水晶擁有得天獨厚的流行條件，不僅具備閃亮透明等當紅特質，更富有繽紛豐富的色彩。無論是搭配服飾或髮型，只要掌握搭配原則，都可以穿戴出晶彩的流行色彩感。

一顆小小的水晶，足以包含整個大自然的奧秘，展現天地萬物之優美，是象徵純潔的信物。不添加其他材料的水晶製品顏色是無色透明的，為了讓水晶的色彩更加動人，水晶裏還時常添加一些純天然的礦物質以令水晶呈現出絢麗的彩色，而且據說對人體還有特別的療效呢！像是白水晶，可以增加創造力、治療情緒低落、思想混亂；紫水晶可治療注意力不集中、惡夢、頭痛、失眠等；而黃水晶則是可以帶來財富等。

至於水晶保存的方法，只要利用化妝用的粉刷或絨毛定期擦拭，就不容易留下灰塵，而在擦拭時，可以沾一點稀釋過的檸檬汁或白醋，就能重現璀璨光芒。

在介紹完前一款的水晶項鍊後，你是否仍覺意猶未盡？以下再介紹另一款水晶項鍊的作法，除了能讓你DIY出與眾不同的水晶飾品外，自己配戴同樣也能閃閃動人喔！

專家教你這樣做

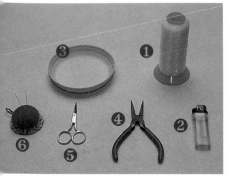
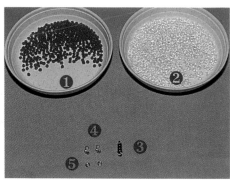

工具：

1. 2號魚絲線
2. 打火機
3. 裝珠小盤
4. 尖嘴鉗
5. 小剪刀
6. 專用針及針插

材料：

1. 4mm紅水晶
2. 4mm白水晶
3. 磁性鎖頭
4. 線夾
5. 單圈

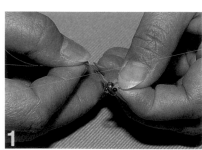

1. 線約80公分，雙線頭加雙針，燒球防脫落，線中心先串1小珠，雙線穿入線夾（由內往外）。

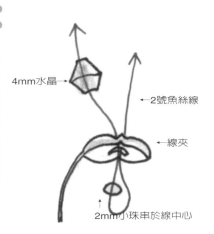

4mm水晶→

←2號魚絲線

←線夾

2mm小珠串於線中心

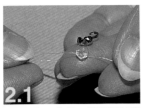 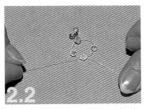 

2. 線約80公分，雙線頭加雙針，燒球防脫落，線中心先串
   1小珠，雙線穿入線夾（由內往外）。

3. 重覆步驟2-1與2-2之串法
   4次後，交叉1紅珠。

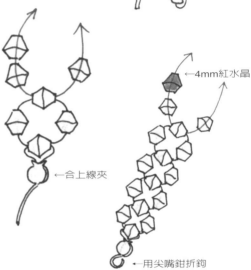

←4mm紅水晶

←合上線夾

←用尖嘴鉗折鉤

4. 重覆步驟4與5之串
   法4次後，交叉1紅
   珠。

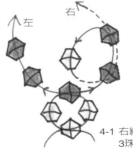

右

左

4-1 右線如圖先加
    3珠，回串2
    株。

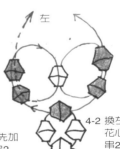

左

4-2 換左線共用
    花心1珠，回
    串2珠。

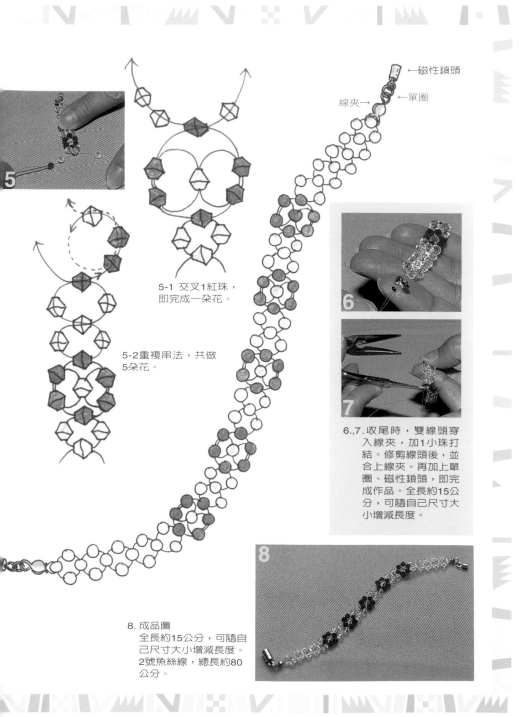

←磁性鎖頭

線夾→　　←單圈

5-1 交叉1紅珠，
即完成一朵花。

5-2重複串法，共做
5朵花。

6.,7.收尾時，雙線頭穿
入線夾，加1小珠打
結。修剪線頭後，並
合上線夾。再加上單
圈、磁性鎖頭，即完
成作品。全長約15公
分，可隨自己尺寸大
小增減長度。

8. 成品圖
全長約15公分，可隨自
己尺寸大小增減長度。
2號魚絲線，總長約80
公分。

路邊攤總點檢

擺路邊攤真的能賺大錢嗎？沒錯。從我們出版「度小月系列」《路邊攤賺大錢》以來，已採訪過上百家成功的路邊攤業者。雖然大部份的業者都會保守估計利潤大約只有二至三成，不過據專家實際評估後，只要各項成本控制得當，再加上販售產品跟得上潮流，通常都有相當可觀的獲利。如果真的想要有「暴利」的收入，賣些成本較低的飾品生意，絕對穩賺，利潤更可達六、七成之高。

如果真的有心要跨入飾品路邊攤這一行，可以先從自己有興趣的飾物精品著手，或是挑選自己最專業的部份來創業。

此次，我們採訪九家飾品配件店家和十家批發商，個個都是大有來頭的成功業者，也是同業中的佼佼者。有的是從小耳濡目染習得的生意經，也有些老闆是從公司職場走上自行創業一途。無論這群成功業者是屬於哪一種類型，他們的經驗都值得作為準備入行的準頭家們的借鏡。經由以下的簡要整理，讀者可以更加清楚地明白這些店家的特色與成功之道。

MEN MEN

　　日本女校生最喜歡在身上搭配各式彩色的毛帽、毛襪和圍巾,作為服飾的點綴品。相較於台灣近年來大股吹起的日本流行風,不難發現台灣的年輕美眉也開始將這些用來禦寒的毛料,當作不可或缺的流行配件。

　　正因台灣女孩們的哈日熱潮揮之不去,故經營該店的年輕女老闆也不諱言,該店能夠網羅顧客的購買慾,完全在於該店所販售的配件,多來自於女老闆親自到日本批貨、挑選進口。如此一來,該店的販售配件的最大特色,不但是原裝進口的日本貨,甚至「以質制量」降低市場的撞衫窘境。

◆創業資本	30萬
◆月租金	4萬
◆每月進貨成本	10萬
◆每月營業額	35萬
◆每月淨利	20萬

PIN BOX

　　老闆娘陳小姐本身就極度喜歡閃閃發亮的水鑽飾品,舉凡是頭上的髮飾、掛在小蠻腰上的水鑽腰鍊以及頸上的Y字鏈,都逃不出老闆娘的銳利眼光,全部將這些網羅到自己的店家販售。

　　由於該店老闆是韓國人,所以夫妻倆連袂到韓國批貨是經常之事。近一年來,隨著韓劇在台持續發燒,哈韓族的擁戴指數不亞於年輕美眉哈日的狂潮。就該店經營者的角度來看,國外飾品的設計較國內自行生產的飾品多元化,如果將這些飾品引進台灣,相信能給消費者更多的選擇權。這點正是這對夫妻在創業前的共同體認。

◆創業資本	50至60萬
◆月租金	8萬
◆每月進貨成本	15至20萬
◆每月營業額	40至50萬
◆每月淨利	20萬

旗艦精品眼鏡

　　太陽眼鏡在時下消費者的眼中，已不再是架在鼻樑上的遮陽利器，反倒成為引領流行的最佳主角。

　　老闆在毅然決然投身在精品眼鏡的路邊攤行業後。秉持自己對時代潮流的敏銳度以及維修調整的專業性，成為顧客自動上門的主要關鍵。

　　就老闆多年來的經驗，他不諱言創業是以「經驗」取勝。所謂「經驗」除了是指本身具有的專業訓練之外，多聽前輩的意見也能累積自己在這一方面的概念，整理為自己的想法。

◆創業資本　　　　　　　　50萬
◆月租金　4至5萬(視每月淨利而定)
◆每月進貨成本　　　　　　15萬
◆每月營業額　　　　　　　45萬
◆每月淨利　　　　　　　　25萬

小蓼的店

　　笑臉迎人的老闆娘卓小姐表示，她經營的策略就是以「服務」為第一訴求，讓顧客覺得所買之飾品絕對是物超所值，可以美美地出街。

　　放眼望去該店的特色，不外是美眉們最愛的「卡娃伊」產品，例如最具人氣的凱蒂貓、聰明的小叮噹和粉紅的MOMO熊等炙手可熱的卡通人物，從手機吊飾、小錢包、鑰匙圈到布玩偶等一應俱全，絕對不會有挑不到喜愛產品的情況發生。

　　本著「物以稀為貴」之由，卓小姐每月固定從最卡娃伊的大宗國家日本，採買進口最嗆的卡通人物飾品。這樣的飾品特色，自然成為顧客定期上門盯梢新貨的店家。

　　店內商品售價的最低標準是

以日幣乘上固定比率來計算。人事成本再加上一些罰單、租金、進貨成本等固定開銷，也佔每月總營業額的百分之二十五。因此，若扣掉庫存存貨後，投資報酬率約達百分之四十的高門檻。

◆創業資本	20萬
◆月租金	2萬
◆每月進貨成本	12萬
◆每月營業額	45萬
◆每月淨利	25萬

鄭文河工作室

　　靠著一張父親傳承下來的政府合法授予的攤販證開始營業，兄弟倆共同攜手在銀飾業發揮最大的創意。店內最大的特色是，他們有功夫底子，既能鑑定，又可訂作、維修、保養。

　　另外，飾品等級齊全也是許多客人喜歡一再光顧的原因之一，可以在這兒買到百貨專櫃的品質，也能滿足預算有限的客人，不怕挑不到喜歡的款式。為了滿足不同客層的需求，真假銀飾全部網羅，琳瑯滿目的飾品，可讓顧客盡情挑選。即使是國外進口的舶來品，也有品質好壞之分和款式新舊之別。如果顧客的預算有限，老闆則會建議顧客選擇來自泰國或是台灣本土工廠自行生產的飾品；相反地，若是手頭寬裕的追求流行顧客，購買來自於義大利、美國或尼泊爾等地的新穎款式舶來品最為適合。不管消費者的消費能力是高是低，老闆皆能以專業的角度推薦適合顧客本身的銀飾。

◆創業資本	100多萬
◆月租金	合法持有攤販證，除每年繳納稅金外，每個月另行支付二千多元的稅款
◆每月進貨成本	約10萬
◆每月營業額	54萬
◆每月淨利	40萬

羅門

自小耳濡目染父母做生意的老闆娘王小姐，早在心裡打定創造自己事業的夢想。在踏入路邊攤生意前，王小姐在職場上擔任的工作也與商場交易有關，自然從這二十年來的生意經中，習得做生意的售貨技巧和推銷手段。

當初會選定以耳環、項鍊、墜子和戒指等女性飾品作為販售產品，主要是這些東西小巧輕便，可以全部收納在一只黑色皮箱中，只要遇到臨檢的警察，皮箱一蓋，就可以暫時躲避收到紅色罰單的窘境。有時運氣不好，一個月收到一、二張罰單也是平常之事。因此，選定擺路邊的辛苦是談不完的，日曬雨淋都要做生意。

以王小姐多年來的生意經驗，她認為開業做生意就是與人互動，因此，首要之道就是習得如何與顧客做良好的人際互動。

◆ 創業資本　　　　20萬
◆ 月租金　　　　2至3萬
◆ 每月進貨成本　　　8萬
◆ 每月營業額　　　26萬
◆ 每月淨利　　　　15萬

SILVER SKY

就目前的年輕人來說，黃金飾品似乎顯得老氣，反倒是銀白的飾品成為時下最受歡迎的飾品。

本身就非常喜歡銀飾。早在創業之前，他是一位銷售人員，後來從中累積一些經驗之後，漸漸接觸採購。幾年前，他開始覺得自己對於銀飾也有一定的認知，就毅然決然當起路邊攤的頭家。如今，在銀飾這個行業已待了七年之久。

他覺得國外的銀飾設計較為活潑，所以他就經常往返韓國和泰國批貨。針對批貨的技巧，林先生認為不可以過於主觀，盡量讓商品大眾化，迎合每位消費者的喜好。

◆ 創業資本　　　　45萬
◆ 月租金　　　　　7萬
◆ 每月進貨成本　8至10萬
◆ 每月營業額　　　45萬
◆ 每月淨利　　　　22萬

HIGH人不淺

曾經在媒體界從事電視編劇的老闆，對於流行資訊自然有相當程度的敏銳度。加上在工作期間，他也需要到一些精品廠商買貨，為藝人做造型。久而久之，就與這些精品廠商奠定良好的互動，可以批到一些名牌眼鏡。

在勤勞銷售下，生意越來越好，促使他真正改行當起精品眼鏡的路邊攤老闆。

有時顧客見到名牌眼鏡的售價低廉，就會露出狐疑的眼光，打探這些是否為仿冒的贗品。多半在老闆的解釋與保證之下，顧客還是會挑出錢包買回喜歡的精品眼鏡。

◆創業資本	80萬
◆月租金	9萬
◆每月進貨成本	25萬
◆每月營業額	60萬
◆每月淨利	20萬

銀匠

年紀輕輕的老闆，經營商機有術，竟然在時機歹歹的景氣低靡之下，投資了四家路邊店面。值得讚許的是，這四家店面的營業額蒸蒸日上，完全沒有受到人人危恐的經濟不景氣影響。

老闆以自己的批貨經驗為例說，自己每次出國的批貨量是別人的四倍，因為他必須選購四家店面的充足貨量。如此大手筆的批貨量，自然成為批發廠商的大客戶。

即使大量的貨源造成款項的高折扣，不過，如何能在有如茫茫大海的貨色中，嗅到銀飾的潮流。老闆的看法就是仰賴獨特眼光的快、狠、準。

◆創業資本	40萬
◆月租金	視賺錢程度，平均約4至5萬
◆每月進貨成本	10萬
◆每月營業額	30萬
◆每月淨利	15萬

你適合做路邊攤頭家嗎？

　　路邊攤可說是台灣街景的一大特色。無論是最普遍常見的小吃攤，或是服飾、手機、鞋子等路邊攤，除了滿足了許多人喜歡撿便宜的購物喜好外，更讓許多路邊攤的老闆從辛苦的頭家，搖身成為擁有好幾棟樓房的有錢人。

　　如今，經濟不景氣，失業人口暴增，更讓路邊攤成為炙手可熱的行業。許多人紛紛轉入此行，自己成頭家。

　　然而，當路邊攤創業已成流行，市場呈現飽和甚至氾濫的現象時，如何經營才能成為其中的佼佼者？如果你有意自己擺個小攤子的話，究竟會不會成為一個既稱職又成功的路邊攤頭家？這就得先測試你成為路邊攤老闆的成功指數到底有多高了。做做以下的測驗，答案立見分曉！

 你和一個普通朋友約會，如果他遲到了，通常你會等對方多久？

A. 一個小時

B. 30到40分鐘

C. 10到30分鐘左右

D. 10分鐘以內

2 當你一早急著要出門上班時，最有可能忘記的是下列哪一件事情？

A. 忘了換拖鞋

B. 忘了帶錢包

C. 忘了帶手機

D. 忘了帶鑰匙

3 你是一個飾品路邊攤頭家，下列哪一個項目是你認為最重要的？

A. 商品售價

B. 商品精緻度

C. 商品流行感

D. 商品種類多寡

4 擺路邊攤時，碰到颱風下雨的天氣時，你會怎麼辦？

A. 擺攤要緊，即使天氣惡劣也要工作。

B. 先擺一會兒，視天氣狀況再做決定。

C. 看看周圍鄰居是否開店擺攤，如果大家都休息，自己也會跟著休息。

D. 不擺了，休息一天。

5 當有人建議你換一種生活模式時，你的想法會是如何？

A. 洗耳恭聽，檢視自己生活是否需要改變。

B. 按兵不動，但私下會考慮考慮。

C. 聽聽意見，不會積極回應。

D. 置之不理，堅持己見。

6 在擺設路邊攤時，你如何決定自己要販賣的東西種類與項目？

A. 現多方蒐集資料，並參考現今的流行趨勢，再研究出獨門秘方

B. 在流行什麼就賣什麼

C. 只賣利潤高的東西

D. 只賣不費力氣準備、簡便的東西

7 當有客人嫌你賣的東西不好或種類不夠多時，你會怎麼回答？

A. 各家品味不同，我們會再進些不同的貨，一定可以符合你的喜好的。

B. 不會啦！大家都說不錯呢！

C. 真的喔！

D. 那你就到別攤買嘛！

8 當你開店或擺路邊攤時，客人向你抱怨動作太慢時，你會如何反應？

　　A. 向對方誠心道歉，並保證改進

　　B. 保持禮貌性的微笑不做回答，但加快動作

　　C. 保持微笑，並維持原先的速度繼續工作

　　D. 假裝沒聽到，並維持原先的速度繼續工作

9 如果你很想擺路邊攤，但手邊資金並不很足夠，你會怎麼辦？

　　A. 找些門路，讓各項成本再降低些

　　B. 想辦法跟親友或朋友再借些資本

　　C. 改賣其他成本較低的東西

　　D. 船到橋頭自然直，先把店開了再說

10 確定要開店之前，你最擔心哪一件事？

　　A. 商品不符合客人的需求

　　B. 客源不穩定

　　C. 賺的錢不夠多

　　D. 什麼都不擔心，大不了再回去找工作

你是屬於哪一型？

本測驗第1題測試耐心、第2題測試細心、第3題測試用心、第4題測試吃苦耐勞程度、第5題測試自省力、第6題測試對市場的敏感度、第7題測試溝通能力、第8題測試服務態度、第9題測試理財能力、第10題測試信心程度。

以上測驗，A、B、C、D答案中，哪一種答案最多，即是屬於該種類型。希望經過測驗後能幫助你更了解自己！

A 型：天才型路邊攤

成功指數：★ ★ ★ ★ ★

恭喜你！路邊攤頭家非你莫屬啦！

你是No.1的五心（耐心、細心、用心、苦心、信心）上將，你實在太適合成為一位路邊攤頭家了。不論風吹、日曬、雨淋都無法阻止你成為路邊攤L.B.T.俱樂部的一員。

你的自律性高，又肯吃苦耐勞，不畏「水深火熱」之苦，是最適合的路邊攤頭家人選。

B 型：搶錢型路邊攤

成功指數：★ ★ ★ ★

用兩句話形容你：賺錢第一，搶錢嚇嚇叫。

你的個性可以成為一個稱職的路邊攤老闆，但是一定要有耐心、肯吃苦才能出頭天，一旦你下定決心往前衝，必定能成為積極努力的搶錢一族。當達成初步目標後，切記一定要細心觀照客人的反應及要求，免得三分鐘熱度，而失去基本客源。

型：努力型路邊攤

成功指數：★★★

你在某方面的條件上雖然先天不足，但可憑後天的學習、努力，在路邊攤這行出人頭地。創業初期一定要熬，口味要不斷的調整、創新，以符合客人的需求，熬的愈久，賺的愈多。吃苦耐勞、不畏寒暑，成功一定是你的。

只要努力，成功一定是你的。

D 型：調整型路邊攤

成功指數：★★

如果你大部分的答案都是D的話，那麼只能告訴你：師父領進門，修行看個人。

首先，要先問問你自己，是否能將從事路邊攤這行不正確的心態調整過來，再決定你要不要擺攤創業。不過，如果你現在大部分的答案都接近D，而你願意將未來的方向往A答案調整的話，那麼恭喜你，你還是可以成為一個賺錢的路邊攤頭家的。

Information

飾品路邊攤新手上路篇

看完這麼多路邊攤創業者成功的範例，又知道這麼多獨家的批貨地點後，你是不是也心癢手癢，準備躍躍欲試，向這些「前輩」看齊了？別急，先讀完下面這篇讓新手菜鳥參考的開店建議指南，再決定上路也不遲。

Step1：資金籌備

有錢能使鬼推磨，開店創業當然也不例外，有多少的本錢決定做多大的事業。不過，創業初期一只皮箱也能自己當頭家，從小成本的路邊攤生意做起慢慢學習，投入的資金亦可以輕鬆控制在自己有限的範圍內，即使虧損也較不心疼。

一般來講，如果剛開始打算一只皮箱出來闖蕩，往往不需太高的成本，以一皮箱為例，尺寸分大、中、小，價格分別只需九百至一千兩百元左右，然後再以販售產品內容物及數量多寡決定需要多少資金。如果欲售之商品種類單純，且品質等級較為次等，例如，若只賣鍍白金銀飾品，而數量僅二十至三十項，再加上一只單價九百元的小型創業皮箱，那麼你只需拿出約

178

莫四千元左右，就能上街打拼生活了。

　　但如果想走精緻路線，所販賣商品自然索價較高，創業資金當然也相對增加。譬如說想賣義大利進口飾品，數量在二十件上下，除了加上創業皮箱外，還必須額外增加飾品珠寶盒襯托，大約就需要一萬至兩萬元不等，也可能需要更高資本，這需依飾品精緻及複雜程度而定囉！

Step2：尋找貨源

　　開業擺攤最好有貨源之門路，或是從有擺攤開店經驗的朋友得知相關管道，否則就從大家熟悉的台北後車站一帶的批發商聚集的大本營開始下手也行。

　　如果你還是一名擺攤菜鳥，又沒尋貨管道，建議你先到後車站一帶探探門路，該地帶以皮件及飾品批發為大宗，地域範圍擴及重慶北路、華陰街、長安西路、太原路四大路段，除了大馬路上的重點店家外，上述路段的巷弄也千萬別放過，因為在巷子裡暗藏為數不少的批貨店家，可以多多詢價比較貨品好壞，不過如果你只是隨口問問，恐怕多數批發商家不願透露太多批貨方式及價錢，但也可以先自行觀察貨品的種類及精緻度等，再依自己的需求上前尋問相關細節。

　　再者，可以先請教有擺攤經驗的人，至國外帶貨的情形及批貨來源，但通常要有交情，對方才肯一字不露地透露詳情。

Step3：尋找擺攤地點

　　評估過自己的財力及決定欲販賣的商品性質及屬性後，接著就得進行市場調查觀察設攤的地點，原則上尋求地點的大方向理應朝著人潮眾多、人氣買氣聚集的所在開始找起。以台北而言，不外乎幾個廣為人知的幾大區域，如東區頂好SOGO商圈、西門町一帶、公館地區、著名夜市等地，往往會凝聚較多人氣及買氣。但這些重點區域的房價租金相對提高不少，如果你打算有個安穩的做生意地點，而昂貴的店面租金又負擔不起外，可以考慮找個牆面攤位，通常租金方面是跟店主談，雖然只是一面牆，可能還是會依據地段好壞再論租金高低。若你的

創業資金有限，暫時想做「流動攤販」，那麼只要先看中商圈地點，帶著皮箱就能開業了，但可能得隨時擔心警察取締，成天玩著躲貓貓的遊戲了。

Step4：生財器具與佈置

　　經常上街血拼購物的人一定不難發現，路邊攤的東西有好有壞，其中不乏是「襯托」出來的效果，讓原本只有二百元成本價的東西卻升級成售價八百元。這樣的情況是業者營造的假象所導致的結果，外行人通常不知道一件低成本價的商品，卻

可以在老闆的巧心包裝下，成了　件「高級」品。

　　除了做生意的手段外，還包含了一項因素——生財器具使用得當。在美侖美奐的展示架上陳列商品，或是在不起眼的皮箱點綴一些亮眼的裝飾，都可以讓商品在刻意的營造下使價值加分，所以生財工具的善用與否，也攸關東西賣得好壞。

　　如果你的工具只是一只皮箱，建議你可以自行添購一塊精美布料，再加上一面精緻鏡面等等，都能使你販售的飾品加分；如果你擁有固定的牆面攤位，在燈光美氣氛佳的烘托下，也能讓上門的客人感受到商品的細膩程度，這些小小的動作說不定都能讓你的業績狂飆呢！

Step5：決定開店

　　成功並非一蹴可及，從小本做起，一來風險沒來得那麼大，二來投注的資本也無須太多。如果路邊攤成績做得還算不錯，可以從先租用一面牆，從中可以學習成本的控制及經營的各種面向，進而累積開店的本事。

　　正常情況下，自行創業半年至一年效果會逐漸浮現，大約半年左右看進帳及虧損程度決定是否繼續做下去，如果不敷成本且虧損連連，建議及早收手將手上的現貨變賣現金為佳；相對若是持平或穩賺，那麼當然就繼續打拼囉！等幾年過後業績穩定，如果不甘只做小生意，在資金充裕情況當然可以構想開店計劃，不過也是得謹慎評估，免得到頭來把本都賠光。

飾品提供：**米蘭飾品**
地址：台北市士林區大南路
9、11號前
電話：0912990995

如何選擇設攤地點

　　你已經決定成為路邊攤的頭家，卻苦無一個適合的設攤地點嗎？現在不妨讓我們來告訴你，如何踏出成功的第一步。

　　設攤地點的選擇，有以下六項要訣，只要把握其中一二，必能出師告捷。

一、租金多寡：不要以為租金便宜的店面或是攤位，一定就能省下月租成本，獲利無限。在生意戰場上，消費人口的多寡，才是決定生意成敗的主要關鍵。因此，租金較貴的地點，換來更多的來往人潮，可謂是一種高度的投資報酬率。

二、時段客層：依照你營業的項目選擇設攤地點。例如，賣髮夾和耳環可以選擇學校、夜市等地段以吸引學生族群；精品眼鏡可以設攤在高級熱鬧商區鎖定年輕上班族群；至於銀飾和水鑽則適合菜市場、夜市以及百貨商場等地，以拉攏不同階層的年齡客群。

三、交通便捷：選擇交通便利、好停車的地點。例如盡量選擇無分隔島的馬路騎樓下、商場百貨內外部、公車

站牌、捷運站、觀光夜市旁等人潮聚集的地方設點。這些人潮的聚集，無形也帶來莫大的買氣。

四、社區地緣：若自己的人脈或社區住家附近已有固定的基本消費客源，可考慮在自己熟悉的環境裡開業。如此一來，不僅可以因地緣之便掌握商機，亦可輕易掌握熟客的需求與品味。

五、炒熱市集：若設攤地點並非是個熱門地點，當地只有一、二家攤商家作生意，亦可搭其便車，比鄰設攤。這樣不僅可以坐享現成的人潮，也可以將該地段的市集買氣炒熱。

六、未來發展：選擇將來可能拓寬或增設公共設施的地點設攤。未來地緣的改變，將會帶來無限的商機，或許遠比現有的條件好很多。因此，在選定設攤時，不貪一時的得失，眼光要放得遠些。

生財器具購買地點

　　「頭家」人人想當，賺錢人人都想。為了節省高額的店租成本，時下提著黑色大皮箱走透透做生意的路邊攤，成了人人快速圓夢之道。

　　目前經濟不景氣，公司相繼傳出裁員和人力縮編的低靡時期。因此，以最少資本賺取最大利潤的路邊攤，便是這一波景氣式微的解救兵法，幫助失業人口賺得生活飯碗。

　　在確定自己適合創業和販售的商品之後，又該準備哪些硬體或軟體設備，來擺放與襯托出自己所販賣的商品，恐怕是跨入此行的新鮮人所納悶的。針對本書的企劃主題，是以路邊攤飾品配件為主導，因此，首飾戒指盒、項鍊掛架和展示架等商品應該在哪裡購置，便是首務之急，一刻也不可忽忽這些看似小螺絲釘的生財器具的重要性。

　　為了體恤每位準頭家的看倌們，本書不僅貼心歸納出以下必備的生財器具，甚至還註明其專賣生財器具的連絡電話，讓您可以得意上手，開張做生意。

高福記錦盒批發

地址：台北市重慶北路一段
22號3樓之3

電話：(02)25599892

主要營業項目：各式錦盒道
具、保單、擦銀布，以及所
有與櫥窗展示、禮品包裝相
關之工具

鴻源衣帽飾品批發

地址：台北市重慶北路一段
15巷10號1樓

電話：(02)25555086

主要營業項目：飾品批發、
創業皮箱

羿凡精品批發

地址：台北市重慶北路一段
16號

電話：(02)25555205

主要營業項目：歐洲進口的
琉璃、水晶、水鑽精品、電
鍍與K金飾品、珠寶盒批發

吻鑽珠寶飾品

地址：台北市太原路22巷10
號

電話：(02)25563262

主要營業項目：18k、白k、
流行飾品、手錶批發、創業
皮箱

雷蒂絲飾品批發

地址：台北縣三重市中山路
33巷11弄12號3樓

電話：(02)29822700

主要營業項目：銀飾、飾品
批發、創業皮箱

橋達壓克力廣告有限公司

地址：台北市太原路105號

電話：(02)25596190

主要營業項目：燈箱、壓克
力板、標示架、箱盒、吊具
等

永久衣架模特兒角鋼行

地址：台中市大雅路27-18號

電話：(04)22075145、
(04)22061238

地址：台中市福興路649號

電話：(04)24529356

主要營業項目：商品展示器
材、模特兒衣架、角鋼、不
鏽鋼管陳列架、玻璃櫃、展
示架

包裝紙袋

小巧的飾品只要放在這款紙袋裡，就可讓人感受到禮輕情意重的誠意。卡通的造型設計可愛大方，且價格合理經濟實惠。/NT$40（單個）

項鍊飾品掛架

壓克力材質的飾品架，透明的主體搭配藍色曲線的設計，掛上項鍊飾品後，適巧可襯托其特色。/NT$130

麗寶光澤液

用來擦拭珠寶銀飾因氧化產生的鐵銹，並可去除灰塵，以保持飾品光亮。/NT$100

項鍊展示架

不論是美女胸型或是甜蜜心型的造型，在搭配深色絨布的材質後，都能夠讓飾品更加出色，益顯光彩。/NT$120

珠寶盒

用來裝戒指給顧客的盒子。/NT$90

拭銀布

柔軟的拭銀布，是飾品店不可或缺的重要用品，適用於珠寶、玻璃及其他珍貴材質的擦拭。/NT$50

珠寶禮盒

可以包裝戒指、項鍊、墜子等小飾品，精緻可愛。有些客人在購買飾品時因為贈禮需要而會要求老闆使用精美的禮盒包裝，此款商品就是最佳的選擇。/NT$100

創業皮箱

這是有志踏
入路邊攤一行
者最首選的創
業工具。適用
於各式銀飾、戒指、手錶、錶帶、
打火機等商品，共有六種尺寸，可
依照販賣商品與老闆身型加以挑
選。/**NT$848**（最小款）

有蓋戒檯

這種具有玻璃蓋的戒指盒，具
有防塵保護的作用，也無須費
心一一擦拭商品。大容量的設
計，一次至少可放數十款的戒
指，不論是店家或是路邊攤都
很實用。/**NT$250**

軟戒條

將戒環的中央穿入柔軟的戒
條中，即可展示一款款動人
的商品。並有不同尺寸、長
短、顏色可供選擇。

/**NT$60**（小）
/**NT$60**（大）

大型戒架

可以一併放上眾多的戒指展
示，便利收放。/**NT$300**

雙色戒檯

美麗的戒指，若能放在此款
造型特殊的戒台上展示，將
更能顯現其璀璨動人之處。
/**NT$150**

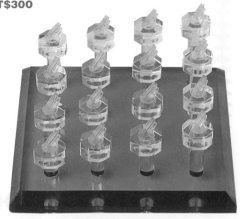

飾品批發地點

蕾蒂絲流行精品珠寶

電話：(02)89832835

網址：ts3883@yahoo.com.tw

公司簡介：為十三年專業流行飾品製造商，目前主要生產日本高級專櫃款式，設計上完全取樣於日本流行資訊，為國內數家百貨公司專櫃、精品專賣店、服飾店等供貨專業商。備有現貨挑選，也能依樣品訂貨，更提供外縣市朋友指定配貨商品種類：項鍊、胸針、耳環、戒指、手鐲、手鍊、腳鍊、髮夾等

俊俊貿易有限公司

地址：台北市大同區重慶北路一段26巷46弄7號

電話：(02)25503439

網址：www.iproducts.com.tw/trades/junjun

公司簡介：成立於西元1997年有內銷和外銷，是一家進出口公司

商品種類：各類絲巾、披肩、圍巾、領帶、假髮、髮飾為大宗

韋洲寶石飾品公司

地址：台北市鄭州路29巷16號

電話：(02)25591155

傳真：(02)25592777

營業時間：週一至週六09：30至19：00，每週日休息

商品種類：各種半寶石，雜石批發產品等數千種。有各種佛珠，及各式強化身體磁場的水晶

玉爐實業有限公司

地址：台北市長安西路177巷12號

電話：(02)25563590

傳真：(02)25595473

E-Mail:jbco@taiwan.com

公司簡介：成立至今已有二十年製作

飾品經驗，產品款式有數千種並持續
增加中，零售、批發、貿易商皆可選
購訂貨

商品種類：Y字鍊類、手鍊(環)、領
巾夾、戒指、腰鍊、耳環、胸針、髮
夾、皇冠

卡密歐國際有限公司

地址：台北市民權西路118巷10號1
樓

電話：(02)25574388、25531740

傳真：(02)2557-4980

網址：www.iproducts.com.tw/gifts/
beon

商品種類：包金或包鉑香水墜子、耳
環與胸針

福瑞行

地址：台北市復興南路一段215號
6樓

電話：(02)27817881

(02)27518779

傳真：(02)27764196

網址：www.jewelbox.findhere.com

公司簡介：全國專業珠寶盒製造商，

有各種樣式戒指珠寶盒陳列

商品種類：戒指盒、耳環盒珠寶收藏
盒

亞賢股份有限公司

地址：台北市復興北路361巷14號
1樓

電話：(02)25452216

傳真：(02)25452219

商品種類：金製首飾、耳環、銅製首
飾、首飾及其零件、項鍊、戒指

龍芳進口流行飾品批發中心

地址：台北市青島東路3之1號7樓

電話：(02)23941599、23941699

傳真：(02)23918833、23570524

商品種類：日本新潮文具、飾品、手
機吊飾、美妝美材、絨毛玩具等

可頓企業股份有限公司

地址：台北市信義路5段5號6D-09

電話：(02)27296605

傳真：(02)27524259

商品種類：人造珠寶飾品

市荃企業股份有限公司

地址：台北市忠孝東路四段560號
13樓

電話：(02)27587882

傳真：(02)27587888

網址：www.civism.com.tw

商品種類：高級腕錶、機械錶、電子
錶、珠寶錶

珠飾天地

電話、傳真：(02)29840366

商品種類：瑪瑙有瑪瑙項鍊、手鍊、
耳環、手鐲、戒指。水晶有水晶項
鍊、手鍊、耳環。

傑本尼氏有限公司

地址：台北市峨嵋街62號4樓

電話：(02)23882079

傳真：(02)23882557

商品種類：代理日本新潮手錶、創意
手錶、石英錶為主等中高價位的產
品，含各式手錶線上目錄，及代理日
本首飾類，如項鍊、手環、戒指、耳
環等產品。

志合興業有限公司

地址：台北市成功路4段324巷2弄
6號

電話：(02)87912313

傳真：(02)27954383

網址：www.treslead.com

公司簡介：製造商、出口商

商品種類：髮飾、流行飾品、禮品、
玩具、聖誕飾品等產品

UNIBUY

地址：台北市武昌街二段116-2號

電話：(02)23700177

營業時間：10：00至22：00

公司簡介：以批發的價格，大量引進
由大陸、韓國、日本的流行商品

商品種類：髮飾、首飾、包包、皮
帶、帽子、配件、手錶、眼鏡

崴登國際有限公司

地址：台北縣板橋市民生路1段29號
19樓

電話：(02)29599040、29599151、
29599082

傳真：(02)29599418

網址：www.waiden.cttnet.net

公司簡介：為國內製作專業休閒運動錶的老店，從開發、製造到銷售，已有二十餘年。產品顏色多樣、材質百分之百防水商品種類：休閒運動錶

三匯實業股份有限公司

地址：台北縣三重市三和路4段24號5樓

電話：(02)29822955

傳真：(02)29849617

公司簡介：本公司從事流行珠寶飾品製造及內外銷有十二年的經驗，現有戒指、墜子各約二千餘款、耳環約一千五百餘款、二件式小套鍊及四件式豪華大套鍊約五百餘款，每週均有新樣品。工廠在中國大陸廣東省珠海市，專精不銹鋼、銀台、銅台(白銅、黃銅、鐄銅)翻砂鑄造飾品。同業亦可提供設計圖配合開發新款。

商品種類：戒指、墜子、耳環、二件式小套鍊、四件式豪華大套鍊

晶睬國際貿易有限公司

地址：台北縣新店市中興路三段235號

電話：(02)29127999、29161811

傳真：(02)29173877

商品種類：天然水晶成品及半成品、各種西藏天珠、各種玉器、各種原礦石、各種琥珀、天然珍珠、中國結材料、各種首飾包裝材料

凱合企業有限公司

地址：台北縣三重市洛陽街45巷17號

電話：(02)29844904、29845043、29850531

傳真：(02)29813005

網址：www.kaiho.cttnet.net

E-mail：kaiho@mail.ttnet.net

公司簡介：一九八八年成立至今，專事飾品、貼紙的製造加工。客戶可來樣訂製、生產。大陸亦可生產交貨

商品種類：兒童貼紙組合卡、造型貼飾卡組、髮簪飾品、壓克力水鑽飾品、套鍊組合卡、新潮紋身手錶、戒子禮盒、月曆卡，動物鑰匙圈

高地飾品有限公司

地址：台北縣新莊市昌平街41巷6號
8樓
電話：(02)22796857
傳真：(02)29977215
商品種類：高級胸針、耳環、套鍊、
珍珠項鍊專業製造

毅讚工業股份有限公司

地址：台北縣五股鄉五股工業區五權
七路31號
電話：(02)2298-0943、
2298-0945、2298-0946
傳真：(02)2298-0942
網址：www.sen.ttnet.net/index.html
E-mail：sen@mail.ttnet.net
商品種類：專業製造髮夾配件

中　　　部

明瑾工業有限公司

地址：彰化市郵政信箱1328號
電話：(04)7638639
傳真：(04)7616176
網址：www.mingjin.ttnet.net
E-mail：mingjin@mail.ttnet.
net
公司簡介：成立於一九七六年，是一
家專業製造羅盤、金屬配件、流貿易
採購商、代理商、大批發商及大賣場
皆可洽購
商品種類：金屬配件、流行飾品（玻
璃珠飾品）

冠軍國際飾品開發

地址：台中市中正路38號
電話：(04)4222156
傳真：(04)2237115
商品種類：純銀飾品、矽膠飾品、批
發零售

K18貴金屬

地址：台中市中正路158巷9號
電話：(04)22205410
傳真：(04)22205409
公司簡介：
◆白金、白K金、K金等各類合金專

業精密鑄造。

◆開模生產各類貴金屬首飾套件。

◆專案研發各類貴金屬鑄造合金。

◆代理日本白金及珠寶相關產品
配件。

◆鑽石、紅寶石、藍寶石、翡翠、
玉、珍珠等各類寶石之台金生產
鑄造。

◆戒指、墜子、耳環、手環等各類珠
寶首飾之款式開發鑄造。

南　部

峻藝實業有限公司

地址：台南市金華路二段147巷6號

電話：(06)2641751、2657735

公司簡介：成立於西元1980年，為
一間二十年流行飾品製造廠，擁有十
八餘年製作進出口飾品的經驗，所生
產開發的飾品以外銷歐美日為主。內
銷產品遍及各大百貨公司飾品專櫃，
及數個知名服飾品牌的代工

商品種類：仕女裝飾，如耳環、別
針、項鍊、髮飾、服飾配件等

金泰興珠寶銀樓

地址：台南市文和街8-2號

電話：（06）2590125

傳真：（06）2809133

公司簡介：工廠直營批發訂作買賣

商品種類：白金、白K金、K金、黃
金、純金

鉅生飾品有限公司

地址：台南市安平區安平路500巷25
弄20之2號
電話：(06)2261978、2261958
傳真：(06)2261378
網址：www.jackson.cttnet.net
公司簡介：為專業製造髮飾品公司，
可合作內外銷
商品種類：飾品，髮夾，髮圈，戒
指，新潮指甲，假指甲，高爾夫球系
列、高爾夫球練習器、球桿架、球
袋，兒童化粧品組、口紅、眼影、蔻
膏

福健飾品有限公司

地址：台南市本原街一段19585弄
7-1號
電話：(06)2564875~6
傳真：(06)2556800
E-mail：fu@mail.ttnet.net
公司類型：工廠直營
商品種類：專營髮飾品、新潮飾品

金吉利貿易股份有限公司

電話：(06)2081777、2087333
傳真：(06)2082097
公司簡介：一九九三年成立，以先進
的經營管理概念領導、創造流行，以
進口高品質眼鏡和太陽框為方向商品
種類：精品眼鏡

震達興業社

地址：台南市安平區安平路333號
電話：(06)2991912~4
傳真：(06)2986888
網址：www.104.hinet.net/06/
2991912.htm
E-mail：dl204611@ms46.hinet.net
商品種類：成衣飾品、文具柳釘、鞋
類飾品、各類鎖圈金屬品、進口民族
風味彩珠飾品

卡媚爾珠寶

地址：台南市新興路465號
電話：(06)2651017、2615165
網址：www.carmel.com.tw
商品種類：專營日本養珠、南養珠、
珍珠等各式珠類成品。

世綺企業有限公司

地址：台南市南區成功路2號5樓
16室

電話：(06)2219592

傳真：(06)2219593

網址：www.asiansources.com/
shugie.co

E-mail：shugie@ms17.hinet.net

商品種類：老花眼鏡、運動護鏡、太
陽眼鏡。

晶晶坊

地址：台南市和緯路二段137號
(總店)

台南市民族路二段3號(分店)

電話：(06)2828089(總店)、
2232663(分店)

網址：www1.pu.edu.tw/~jwu2/re/
other/main/cchome/

公司簡介：專營水晶產品，全由巴西
進口

商品種類：天然水晶原礦、水晶球、
水晶柱、水晶簇、紫晶洞、水晶枕、
項鍊、戒指、墜子、手珠、念佛珠、
耳環等水晶飾品，西藏天珠、奇石收
藏品、鐘乳石等。

菁婷實業有限公司

地址：台南縣西港鄉營西村2-3號

電話：(06)5379525

傳真：(06)7954954

網址：www.ching-tine.com.tw

E-Mail：sales@ching-tine.com.tw

商品種類：各式髮飾、髮夾及髮箍

華榮飾品

地址：高雄市鹽埕區大仁路87號1樓

網址：www.hwajong.2u.com.tw

營業時間：(平常日)9：30至20：30
(星期日)10：30至18：00

商品種類：各類髮飾、各種流行飾
品、卡通口罩、零錢包、頭巾等

家聖寶石實業有限公司

地址：高雄市苓雅區三多二路27號

電話：(07)7715225

傳真：(07)7616825

商品種類：水晶、礦石、半寶石批發
零售。紫水晶飾、天然黃水晶、銅鈦
晶手環、銀白k天然水晶手飾

全台夜市總覽

夜市已然成為台灣文化中不可缺少的一部份。無論是在吃、喝、玩、樂方面，夜市都佔有絕對的重要性與份量。在這個充滿蓬勃生命力、全年無休的嘉年華盛地裡，不但有種類繁多、可口美味的美食小吃，也有許多物美價廉的商品，

因此，匯集了最多人氣、最In商品的夜市，往往是擺路邊攤的最佳地點。但決定在夜市擺攤設點之前，必須先瞭解逛夜市族群的心態，如此才能知己知彼，百戰百勝。

通常，一個真正的夜市通，都具備了下列三項條件：

1. 會「試」：衣服會試穿、食品會試吃，不論什麼東西，如果想買的話，能試就一定會試，不能試的就一定不會買。
2. 會「比」：在夜市買東西，一定會貨比三家，比品質好壞、比價格高低、比服務態度。因為夜市的東西不像一般的商店或百貨公司那麼有保障，所以「比」對夜市通而言是很重要的。
3. 會「殺」：夜市的東西，價格一定都有可以彈性的空間，即使殺價後只便宜十塊，對夜市通而言

就可以賺到一杯飲料錢了。

如果能瞭解並掌握顧客這樣的心態，相信在選擇貨品、訂定價格，以及與顧客溝通時，一定會有所幫助。

此外，我們收集了全台知名的夜市地點，如果有心進入夜市經營本小利多的路邊攤者，不妨參考以下的簡介，再實地走訪探詢，對於夜市的生態會更加瞭解。

基隆市

基隆廟口夜市

地點：仁三路和愛四路一帶

「廟口」係指位於奠濟宮附近的仁三路和愛四路的小吃攤。仁三路和愛四路兩條街上成L型，綿延約三、四百公尺。仁三路小吃攤，是從日據時代就流傳下來，約有三、四十年的光景，是基隆夜市中歷史最悠久的。

台北市

萬華夜市

地點：萬華火車至華西街一帶

過去髒亂的華西街夜市經台北市政府規劃為觀光夜市後，呈現整齊美觀的風貌。夜市以小吃為主，從山產到海產一應俱全，又因靠近早期尋芳客密集地寶斗里，因此出現許多以去毒壯陽為號招的蛇店及鱉店，形成當地小吃的特色。華西街以蛇

店最引人注目，另有打拳賣藥、江湖氣息十分濃厚的藥草店，附近還有賣靈芝茶的小攤。海鮮店以燒酒蝦獨具一格，其他小吃如赤肉羹、麻油雞、青蛙湯、鱔魚麵、鼎邊銼及去骨鵝肉等。另外還有富有神秘色彩的算命攤子，十分豐富熱鬧。

士林夜市

地點：可分一是慈誠宮對面的市場小吃；一是以陽明戲院為中心，包括安平街、大東路、文林路圍成的區域。

士林夜市是臺北最著名、也最平民化的夜市去處，南北小吃、流行服飾、雜貨、加上如織的人潮，溢散熱鬧滾滾的氣息。

士林夜市飲食攤平時在下午五時開始營業，星期假日從中午十二時就開始營業，至晚上十二時收攤。

士林夜市除了各種美食外，在大東路和各巷道一帶的服飾、皮鞋、皮包、休閒運動鞋和服裝、裝飾品、寢具和日用品等店鋪和路邊攤，各種中外貨品都有，琳琅滿目，價錢大眾化。尤其是年輕人喜歡的東西，都可以買得到。

公館夜市

地點：羅斯福路、汀州路

營業時間自下午四點至晚上十二點。由於就在台大旁邊，

自然有許多的學生出沒，再加上處於捷運站旁，因此很多的上
班族下了班之後也喜歡到這裡逛逛書局。書店、咖啡館、眼鏡
行、精品店、服飾店，這裡的夜市跟其他的夜市比較起來，多
了一股不一樣書卷氣，和屬於年輕人及上班族的流行感。

饒河街夜市

　　地點：西起八德路四段和撫遠街交叉口，東至八德路四段
慈祐宮止，全長六ＯＯ公尺，寬十二公尺。

　　於民國七十六年經台北市政府核准設立，夜市道路中有台
北市政府核准營業之有證攤販約一四Ｏ攤，而兩側店家延伸之
攤販約四ＯＯ攤。營業時間自每日下午五時起至十二時止，販
售營業種類以各式飲食、鮮果、服飾、百貨等為主，物品多元
化。走入該觀光夜市除有藥燉排骨、清涼飲料等食品外，更有
時下年輕人所喜愛的服飾及配件、電子小產品、布偶等，是一
個值得全家夜間休閒的好去處。

遼寧街夜市

　　地點：主要集中在通化街與基隆路之間的臨江街上

　　白天只是尋常的商店街，販售的商品以流行服飾為主，但
一到夜晚便攤販雲集、人潮洶湧，各種小吃攤、飾品攤、撈金
魚的、賣電子玩具的，紛紛出籠，形成熱鬧市集，不但夜市裏
遊逛的人群摩肩擦踵，連通化街也是人車爭道，擁塞不堪。

通化街夜市

地點：信義路四段與基隆路二段間

素有「小東區」之稱，夜市以服飾店及小吃店眾多而著名，這裡有名的料理有各種口味香腸料理、米粉湯、肉庚、滷味、烤玉米及台南碗粿等。各類服飾亦應有盡有，而且價格便宜，在大快朵頤一番後，還可逛逛街，買點小飾品，有助消化。

師大路夜市

地點：師大路兩旁

由於位於學區附近，因此這一帶瀰漫著一股濃厚的人文氣息。主顧客以學生、上班族為大宗，其中也不乏外國人士，相較於其他夜市，師大夜市更蒙上些許的異國色彩。這一帶的價位雖平實，卻也不因此而少了花樣。短短一條街，除了小吃店外，還匯聚了花店、書店、流行商品等。

新竹市

新竹城隍廟夜市

地點：以中山路城隍廟和法蓮寺廟前廣場為中心

廟口小吃的形成，大約是在台灣光復之逐漸成形的，至今

約有四十幾年的歷史。這裡小吃攤之分布情形，於廟前廣場以販賣各類小吃熱食，包括米粉、肉圓、貢丸、加志粥、魷魚羹等，而位於東門街及中山路兩側的攤位，則販賣當地的特產，諸如米粉、貢丸、香粉、花生醬等近竹特產，方便遊客採購。

台中市

中華路夜市

地點：公園路、中華路、大誠街、興中街一帶

這是台中最富盛名的宵夜及購物區，小吃的集中點位於中華路西側，包括台灣小點心、潤餅、台中肉圓、肉粽、肉羹、米糕、米粉、當歸鴨、排骨酥、蚵仔麵線、蚵仔煎、炒花枝、壽司等，便宜又好吃。而公園路夜市，則集中銷售成衣、鞋襪及皮革用品。

忠孝路・大智路夜市

地點：靠近中興大學一帶

氣勢雖不如中華路夜市熱絡，但聚集的小吃規模、小吃的口味種類與熱鬧更不亞於中華路夜市。從海產、山產、烤鴨、麵、飯、黑輪、冷飲、清粥、蚵仔麵線，樣樣可口美味。

東海別墅夜市

地點：東海大學旁的東園巷和新興路一帶

這裡的店家大都是固定的，主要是供應餐飲，像是東山鴨頭、餃子館的酸辣湯和蓮心冰等，都相當的受歡迎。其次是服飾等生活用品店，再加上一些小型攤販，這裡就成了一個熱鬧的小型夜市。

台南市

小北成功夜市、武聖夜市

地點：西門路四段、武聖路

武聖夜市創立於民國73年，由於民眾反應不錯，於民國75年在北區西門路四段東帝士後方再成立小北成功夜市，兩個夜市均為台南市成立最久的夜市。小北成功夜市營業時間為每週二、五，武聖夜市營業時間為每週三、六。

復華夜市

地點：復國一路一帶

復華夜市前身為北屋社區內，沿復國一路路邊擺攤之夜市。營業日為每週二、五，攤販大致可分為百貨類、小吃類及遊樂類三大類。

嘉義市

文化路夜市

地點：文化路一帶

嘉義夜市首推文化路最富盛名。每當華燈初上，白天是雙線車道的文化路轉眼成為熱鬧的行人專用道，各式各樣的熟食小吃大展身手，從中山路噴水圓環到垂陽路段，劃分為販賣衣、小吃及水果攤三個區域。許多小吃已發展出具有歷史淵源及地方特色的風格，例如郭景成粿仔湯、噴水火雞肉飯、恩典方塊酥等，均是老饕客們值得一嚐的佳餚。

高雄市

六合路夜市

地點：六合路一帶

六合夜市是以小吃為主的夜市，每天入夜後，車水馬龍熱鬧非凡，各種本地可口美食琳瑯滿目，經濟實惠，國內外觀光客均慕名而來，知名度 頗高，已被列為觀光 夜市

南華路新興夜市

地點：民生一路和中正路之間的南華路一帶

新興夜市早期原為攤販聚集處，隨著交通便利和火車站商圈的興起，餐飲、成衣聚集成市，形成現今的繁榮景象。沿街

燈火輝煌，成衣業高度密集，物美價廉，是年輕人選購服裝的
好去處。

花蓮市

南濱夜市

地點：台十一線的路旁

此夜市為花蓮規模最大之夜市，每天入夜後即燈火通明。
這裡除了一般的小吃外，還有每客９０元的廉價牛排，以及其
他地方看不到的露天卡拉ＯＫ、射箭、射飛鏢、套圈圈、撈金
魚等現在已較少能看到的傳統夜市。

大禹街觀光夜市

地點：大禹街，位於中山路與一心路之間

大禹街是條頗具知名度的成衣街，它在花東地區而言，尚
無出其左右者。由於以往蘇花公路採單向通車管制，相當不
便，到台北切貨，一趟來回至少要花個三、四天的時間。因此
一些花東地區的零售商或民眾，寧願擠到大禹街來買。 此處所
銷售的成衣，大部份以講究實用性的廉價商品居多。時尚、花
俏或昂貴的衣飾，在這裡較乏人問津。

台東市

光明路夜市

地點：光明路

這是台東最密集的一處，其中以煮湯肉圓最為有名，獨創新法，吸引顧客。

福建路夜市

地點：福建路

福建路夜市，得近火車站之地利之便，販賣的東西種類繁多，尤以海鮮攤最具特色。

寶桑路夜市

地點：寶桑路

寶桑路夜市的小吃以蘇天助素食麵是台東素食飲食店中口碑最好的一家，以材料道地、湯味十足著稱。

四維路臨時攤販中心

地點：位於正氣街、光明路與復興路之間

四維路臨時攤販中心，販賣的東西很多，無所不包。

發現大師系列
001　　(GB001)

印象花園 01
梵谷
VICENT VAN GOGH

「難道我一無是處，一無所成嗎？.我
要再拿起畫筆。這刻起，每件事都
為我改變了」孤獨的靈魂，渴望你
的走進……

沈怡君編
定價/每本160元
頁數/80頁

發現大師系列
002　　(GB002)

印象花園 02
莫內
CLAUDE MONET

雷諾瓦嘗說：「沒有莫內，我們都
會放棄的。」究竟支持他的信念是
什麼呢？

沈怡君編
定價/每本160元
頁數/80頁

發現大師系列
003　　(GB003)

印象花園 03
高更
PAUL GAUGUIN

「只要有理由驕傲，盡管驕傲，丟掉
一切虛飾，虛偽只屬於普通人....」自
我放逐不是浪漫的情懷，是一顆堅
強靈魂的奮鬥

沈怡君編
定價/每本160元
頁數/80頁

發現大師系列
004　　(GB004)

印象花園 04
竇加
EDGAR DEGAS

他是個怨恨孤獨的孤獨者。傾聽
他，你會因了解而有更多的感動…
…

沈怡君編
定價/每本160元
頁數/80頁

發現大師系列
005　　(GB005)

印象花園 05
雷諾瓦
**PIERRE-AUGUSTE
RENOIR**

「這個世界已經有太多不完美，我只
想為這世界留下一些美好愉悅的事
物。」你感覺到他超越時空傳遞來
的溫暖嗎？

沈怡君編
定價/每本160元
頁數/80頁

發現大師系列
006　　(GB006)

印象花園 06
大衛
**JACQUES LOUIS
DAVID**

他活躍於政壇，他也是優秀的畫
家。政治，藝術，感覺上互不相容
的元素，是如何在他身上各自找到
安適的出路？

沈怡君編
定價/每本160元
頁數/80頁

發現大師系列
007　　(GB007)

印象花園 07
畢卡索
Pablo Ruiz Picasso

「......我不是那種如攝影師般不斷地
找尋主題的畫家.....」一個顛覆畫壇
的奇才, 敏銳易感的内心及豐富的
創造力他創作出一件件令人驚嘆的
作品。

楊蕙如編
定價/每本160元
頁數/80頁

發現大師系列
008　　(GB008)

印象花園 08
達文西
Leonardo da Vinci

「哦，嫉妒的歲月你用年老堅硬的牙
摧毀一切…一點一滴的凌遲死亡…」
他窮其一生致力發明與創作，卻有
著最寂寞無奈的靈魂……

楊蕙如編
定價/每本160元
頁數/80頁

發現大師系列
009　(GB009)

印象花園 09
米開朗基羅
Michellanelo
BUONARROTI

他將對信仰的追求融入在藝術的創作中，不論雕塑或是繪畫，你將會被他的作品深深感動……

楊蕙如編
定價/每本160元　頁數/80頁

發現大師系列
010　(GB010)

印象花園 10
拉斐爾
Raffaelo sanzio Saute

生於藝術世家，才氣和天賦讓他受到羅馬宮廷的重用及林濤的發揮，但日益繁重的工作累垮了他……

楊蕙如編
定價/每本160元
頁數/80頁

發現大師系列
011　(GB011)

印象花園 11
林布蘭特
Rembrandt Van Rijn

獨創的光影傳奇，意氣風發的年代。只是最愛的妻子、家人接二連三過世，天人永隔，他將悲痛換化為畫布上的主角……

方怡清編
定價/每本160元
頁數/80頁

發現大師系列
012　(GB012)

印象花園 12
米勒
Jean Francois Millet

為求生活而繪製的裸女畫作讓他遭逢眾人譏諷，卻也喚醒他內心深處渴求的農民大地……

方怡清編
定價/每本160元
頁數/80頁

Easy 擁有整座印象花園

如果一棵樹是一個祝福，那我願給你整座森林
如果一本書是一份禮物，那我願給你整座印象花園...

為了讓您擁有這套國內首見的禮物書，特提供印象花園的老朋友及新朋友獨享空前優惠。您只需要至郵局劃撥1380元（原價1760元），並註明已購買過哪一位大師，我們會立刻以掛號寄出其他的11本給您！
（本優惠僅適用於使用劃撥訂購。）

輕鬆擁抱整座印象花園，您將在印象花園中遇見藝術大師。

劃　撥　帳　號：14050529
戶　　　　　名：大都會文化事業有限公司
讀 者 服 務 專 線：(02)27235216（代表線）
服　務　時　間：09：00～18：00

路邊攤賺大錢

不景氣的時代
路邊攤創業是你最好的選擇

度小月系列

Money-001

路邊攤賺大錢【搶錢篇】

白宜弘・趙濂/著
定價280元

水煎包、紅豆餅、愛玉冰、廣東粥……，這些冷的、熱的、甜食、小吃，通通收錄在《路邊攤賺大錢【搶錢篇】》中。從創業技巧、營業數據到美食製作過程，一一為你獨家揭露。

Money-002

路邊攤賺大錢【奇蹟篇】

白宜弘・趙濂/著
定價280元

不論你是美食老饕還是想要利用小吃創業的人，都不能錯過《路邊攤賺大錢2【奇蹟篇】》。牛肉麵、東山丫頭、麻油雞、蘿蔔絲餅、雙胞胎和芝麻球……，十幾種傳統小吃美食，在這裡通通學得到。

Money-003

路邊攤賺大錢【致富篇】

白宜弘/著
定價280元

總共十家十一項的知名小吃店家開業秘笈與獨門絕活大公開，包括擔仔麵、割包、甜不辣、豬血湯、藥燉排骨、紅燒鰻等。只要你用心研究、學習，靠路邊攤賺大錢，絕非難事！

走出城堡的王子

威廉王子，這位身材修長、金髮、俊美，集母親黛安娜王妃優點於一身的少年王子，以他無可匹敵的獨特魅力，擄獲了全球女性的芳心。這本寫真書，收錄威廉王子數十幀精彩圖片，是想一窺皇室堂奧與欲一親威廉芳澤者必備珍藏書。

尼可拉斯・戴維斯/著
柔之/譯
定價160元

優雅與狂野──威廉王子

在這本溫馨感人、多采多姿的傳記裡面，皇室專家尼可拉斯・戴維斯道出了這位未來國王??威廉王子，背後所隱藏的複雜個性。從在帕汀頓聖瑪莉醫院出生起，經過了快樂幸福的孩提時期，以及尷尬彆扭的青少年前期，到突然長大的成熟期，這本書帶領我們一窺了迷人王子的面貌。

尼可拉斯・戴維斯/著
邱俐華/譯
定價260元

殤逝的英格蘭玫瑰

黛安娜的婚姻與愛情故事始終是群眾追逐的焦點，但在1997年8月31日的夜裡，這位讓全世界鎂光燈瘋狂的王妃，卻因車禍在巴黎喪生，而奇蹟似地走過鬼門關的保鏢特夫・李斯瓊斯，是唯一目睹車禍發生的倖存者。經由他在書中所陳述的事實，不但詳實揭露黛妃生前愛情的種種細節，也揭開了車禍的細節內幕。

特夫・李斯瓊斯/著
劉世平/譯
定價360元

跟著偶像
Fun韓假

《跟著偶像Fun韓假》，就是為哈韓族所特別量身打造的新書。本書精選最受歡迎的四大韓劇：「火花」、「藍色生死戀」、「愛上女主播」與「情定大飯店」，以輕鬆俏皮的書寫方式，帶領讀者先來一趟精簡的劇情之旅，並剖析劇中主角在劇情與現實生活中的個性、私密檔案與趣味事。此外，還介紹了四大韓劇的經典場景，並另外推薦遊韓必訪的七大景點，以及搭配必買特產與必嚐美食，成為一本集流行、旅遊、購物與美食於一身的遊韓導覽書籍。

黃依藍/著
定價260元

行動管理百科

30分鐘管理百科

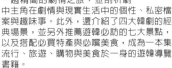

這套由大旗出版代理中文版權，由擅長財經管理專業領域，並執業界牛耳的英國知名出版社Kogan Page所出版的30分鐘行動管理百科叢書，由歐美財經企管顧問權威執筆，以豐富的專業經驗，讓我們在短短30分鐘內，經由專家的建議，提升我們生活及工作上的能力與技巧，使我們能輕鬆面對工作與生活的大小難題。

定價110元
9本合購799元

路邊攤賺大錢 *money4* 【飾品配件篇】

作者	林怡君
協力採訪	趙芝綺
攝影	莊開
發行人	林敬彬
主編	郭香君
編輯	許淑惠
封面設計	周莉萍
美術編輯	周莉萍

出版　大都會文化 行政院新聞局北市業字第89號
發行　大都會文化事業有限公司
　　　110台北市基隆路一段432號4樓之9
　　　讀者服務專線：（02）27235216
　　　讀者服務傳真：（02）27235220
　　　電子郵件信箱：metro@ms21.hinet.net
郵政劃撥　14050529 大都會文化事業有限公司
出版日期　2002年3月初版第1刷
定價　NT$280 元
ＩＳＢＮ　957-30017-3-X
書號　Money-004

Printed in Taiwan
※本書如有缺頁、破損、裝訂錯誤，請寄回本公司更換※
版權所有 翻印必究

國家圖書館出版品預行編目資料

路邊攤賺大錢 4.飾品配件篇 / 林怡君著
—— 初版 ——
臺北市：大都會文化發行
2002〔民91〕
面；　公分. — （度小月系列：4）
ＩＳＢＮ：957-30017-3-X (平裝)
1. 飲食業 2. 創業
　488.9　　　　　　　　　　　　　　91002807

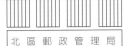

北區郵政管理局
登記證北台字第9125號
免　貼　郵　票

大都會文化事業有限公司
讀者服務部收

110 台北市基隆路一段432號4樓之9

寄回這張服務卡(免貼郵票)
您可以：
　◎不定期收到最新出版訊息
　◎參加各項回饋優惠活動

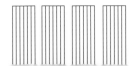

▲ 大都會文化 讀者服務卡

書號：Money-004　路邊攤賺大錢—【飾品配件篇】

謝謝您選擇了這本書！期待您的支持與建議，讓我們能有更多聯繫與互動的機會。日後您將可不定期收到本公司的新書資訊及特惠活動訊息，如直接向本公司訂購書籍（含新書）將可享八折優惠。

A.您在何時購得本書：＿＿＿年＿＿＿月＿＿＿日

B.您在何處購得本書：＿＿＿＿＿＿＿書店，位於＿＿＿＿＿＿＿(市、縣)

C.您從哪裡得知本書的消息：1.□書店 2.□報章雜誌 3.□電台活動 4.□網路資訊 5.□書籤宣傳品等 6.□親友介紹 7.□書評 8.□其它＿＿＿＿＿＿＿＿＿＿＿＿＿＿

D.您購買本書的動機：（可複選）1.□對主題或內容感興趣 2.□工作需要 3.□生活需要 4.□自我進修 5.□內容為流行熱門話題 6.□其他＿＿＿＿＿＿＿＿＿＿＿＿＿

E.為針對本書主要讀者群做進一步調查，請問您是：1.□路邊攤經營者 2.□未來可能會經營路邊攤 3.□未來經營路邊攤的機會並不高，只是對本書的內容、題材等感興趣 4.□其他＿＿＿＿＿＿＿＿＿＿＿＿＿＿＿＿＿＿＿＿＿

F.您認為本書的部分內容具有食譜的功用嗎？1.□有 2.□普通 3.□沒有

G.您最喜歡本書的：（可複選）1.□內容題材 2.□字體大小 3.□翻譯文筆 4.□封面 5.□編排方式 6.□其它＿＿＿＿＿＿

H.您認為本書的封面：1.□非常出色 2.□普通 3.□毫不起眼 4.□其他＿＿＿＿＿＿＿＿

I.您認為本書的編排：1.□非常出色 2.□普通 3.□毫不起眼 4.□其他＿＿＿＿＿＿＿＿

J.您通常以哪些方式購書:(可複選)1.□書展 2.□逛書店 3.□劃撥郵購 4.□團體訂購 5.□網路購書 6.□其他＿＿＿＿＿＿＿＿＿

K.您希望我們出版哪類書籍：（可複選）1.□旅遊 2.□流行文化 3.□生活休閒 4.□美容保養 5.□散文小品 6.□科學新知 7.□藝術音樂 8.□致富理財 9.□工商企管 10.□科幻推理 11.□史哲類 12.□勵志傳記 13.□電影小說 14.□語言學習（＿＿語）15.□幽默諧趣 16.□其他＿＿＿＿＿＿＿＿＿＿＿＿＿＿＿＿＿＿＿＿

L.您對本書(系)的建議：＿＿＿＿＿＿＿＿＿＿＿＿＿＿＿＿＿＿＿＿＿＿＿＿＿＿＿
＿＿＿＿＿＿＿＿＿＿＿＿＿＿＿＿＿＿＿＿＿＿＿＿＿＿＿＿＿＿＿＿＿＿＿＿＿
＿＿＿＿＿＿＿＿＿＿＿＿＿＿＿＿＿＿＿＿＿＿＿＿＿＿＿＿＿＿＿＿＿＿＿＿＿

M 您對本出版社的建議：＿＿＿＿＿＿＿＿＿＿＿＿＿＿＿＿＿＿＿＿＿＿＿＿＿＿
＿＿＿＿＿＿＿＿＿＿＿＿＿＿＿＿＿＿＿＿＿＿＿＿＿＿＿＿＿＿＿＿＿＿＿＿＿

讀者小檔案

姓名：＿＿＿＿＿＿＿＿＿　性別：□男 □女　生日：＿＿＿年＿＿＿月＿＿＿日

年齡：□20歲以下□21—30歲□31—50歲□51歲以上

職業：1.□學生 2.□軍公教 3.□大眾傳播 4.□服務業 5.□金融業 6.□製造業 7.□資訊業 8.□自由業 9.□家管 10.□退休 11.□其他＿＿＿＿＿＿＿＿＿＿＿＿＿＿＿

學歷：□ 國小或以下□ 國中□ 高中／高職□ 大學／大專□ 研究所以上

通訊地址：＿＿＿＿＿＿＿＿＿＿＿＿＿＿＿＿＿＿＿＿＿＿＿＿＿＿＿＿＿＿＿＿

電話：（H）＿＿＿＿＿＿＿＿＿（O）＿＿＿＿＿＿＿＿＿傳真：＿＿＿＿＿＿＿＿

行動電話：＿＿＿＿＿＿＿＿＿E-Mail：＿＿＿＿＿＿＿＿＿＿＿＿＿＿＿＿

購物折價券

豪士飾品批發行

★憑此折價券至豪士飾品批發行購物

可享 **9** 折優惠

電話： （02）2559-8353
地址：台北市鄭州路29巷1-2號
使用期限：無

money4
【飾品配件篇】

購物折價券

PIN BOX

★憑此折價券至PIN BOX購物

可享 **8** 折優惠

電話：0933-069-683
地址：台北市忠孝東路四段89號旁
使用期限：無

money4
【飾品配件篇】

購物折價券

SILVER SKY

★憑此折價券至SILVER SKY購物

可享 **8** 折優惠

電話：0913-072-691
地址：台北市忠孝東路四段87號1樓1室
使用期限：無

money4
【飾品配件篇】

購物折價券

● 本折價券限使用一次，每次限使用一張。
● 本折價券不得和其他優惠券合併使用。
● 本折價券為非賣品，不得折換現金，亦不可買賣。
● 若有任何使用上的問題，歡迎與我們聯絡。

大都會文化讀者專線 (02)27235216

度小月

money4

【飾品配件篇】

購物折價券

● 本折價券限使用一次，每次限使用一張。
● 本折價券不得和其他優惠券合併使用。
● 本折價券為非賣品，不得折換現金，亦不可買賣。
● 若有任何使用上的問題，歡迎與我們聯絡。

大都會文化讀者專線 (02)27235216

度小月

money4

【飾品配件篇】

購物折價券

● 本折價券限使用一次，每次限使用一張。
● 本折價券不得和其他優惠券合併使用。
● 本折價券為非賣品，不得折換現金，亦不可買賣。
● 若有任何使用上的問題，歡迎與我們聯絡。

大都會文化讀者專線 (02)27235216

度小月

money4

【飾品配件篇】

購物折價券

鄭文河工作室

★憑此折價券至鄭文河工作室購物

可享 **8** 折優惠

電話：（02）2737-5548、（02）2736-5508
地址：台北市臨江街110-2號旁（通化夜市內）
使用期限：無

度小月

money4

【飾品配件篇】

購物折價券

銀匠

★憑此折價券至銀匠購物

可享 **8** 折優惠

電話：無
地址：台北市臨江街69號
使用期限：無

度小月

money4

【飾品配件篇】

購物折價券

薇薇飾品本館

★憑此折價券至薇薇飾品本館購物

可享 **6** 折優惠

電話：（02）2555-7511轉36、37
地址：台北市重慶北路一段15巷2-4號1-2樓
使用期限：無

度小月

money4

【飾品配件篇】

購物折價券

- ●本折價券限使用一次，每次限使用一張。
- ●本折價券不得和其他優惠券合併使用。
- ●本折價券為非賣品，不得折換現金，亦不可買賣。
- ●若有任何使用上的問題，歡迎與我們聯絡。

大都會文化讀者專線 (02)27235216

度小月

money4

【飾品配件篇】

購物折價券

- ●本折價券限使用一次，每次限使用一張。
- ●本折價券不得和其他優惠券合併使用。
- ●本折價券為非賣品，不得折換現金，亦不可買賣。
- ●若有任何使用上的問題，歡迎與我們聯絡。

大都會文化讀者專線 (02)27235216

度小月

money4

【飾品配件篇】

購物折價券

- ●本折價券限使用一次，每次限使用一張。
- ●本折價券不得和其他優惠券合併使用。
- ●本折價券為非賣品，不得折換現金，亦不可買賣。
- ●若有任何使用上的問題，歡迎與我們聯絡。

大都會文化讀者專線 (02)27235216

度小月

money4

【飾品配件篇】

購物折價券

東美飾品材料行

★憑此折價券至東美飾品材料行購物

可享 **9** 折優惠

電話： （02）2558-8437
地址：台北市長安西路235、237號
使用期限：無

度小月

money4

【飾品配件篇】

購物折價券

妮可

★憑此折價券至妮可購物

可享 **8** 折優惠

電話： （02）2559-4460
地址：台北市重慶北路一段27巷15號
使用期限：無

度小月

money4

【飾品配件篇】

購物折價券

大都會文化事業有限公司

★憑此折價券至大都會文化任選度小月系列《路邊攤賺大錢》之
【搶錢篇】【奇蹟篇】及【致富篇】中任何2本可享 **8** 折優惠(即
528元，已含掛號費80元)，3本可享 **7** 折優惠(即708元，已含掛
號費120元)

電話： （02）2723-5216—代表線
地址：台北市基隆路1段432號4樓之9(近世貿中心)
使用期限：無

度小月

money4

【飾品配件篇】

購物折價券

度小月

- ●本折價券限使用一次，每次限使用一張。
- ●本折價券不得和其他優惠券合併使用。
- ●本折價券為非賣品，不得折換現金，亦不可買賣。
- ●若有任何使用上的問題，歡迎與我們聯絡。

money4

大都會文化讀者專線 (02)27235216

【飾品配件篇】

購物折價券

度小月

- ●本折價券限使用一次，每次限使用一張。
- ●本折價券不得和其他優惠券合併使用。
- ●本折價券為非賣品，不得折換現金，亦不可買賣。
- ●若有任何使用上的問題，歡迎與我們聯絡。

money4

大都會文化讀者專線 (02)27235216

【飾品配件篇】

購物折價券

度小月

請將本折價卷與現金一併放入現金袋內

- ●本折價券限使用一次，每次限使用一張。
- ●本折價券不得和其他優惠券合併使用。
- ●本折價券為非賣品，不得折換現金，亦不可買賣。
- ●若有任何使用上的問題，歡迎與我們聯絡。

money4

大都會文化讀者專線 (02)27235216

【飾品配件篇】

度小月系列

度小系列